Rohde | Gotland

Andrea Rohde

Gotland

Natur · Geschichte · Landschaft

2., durchgesehene und überarbeitete Auflage

Quelle & Meyer Verlag Wiebelsheim

Bibliografische Information der Deutschen Nationalbibliothek
Die Deutsche Nationalbibliothek verzeichnet diese Publikation in der Deutschen Nationalbibliografie; detaillierte bibliografische Daten sind im Internet über http://dnb.d-nb.de abrufbar.

2., durchgesehene und überarbeitete Auflage

www.quelle-meyer.de

Abbildungen stammen von Andrea Rohde (sofern nicht anders angegeben)
Umschlagabbildungen: Andrea Rohde
Druck und Verarbeitung: Print Consult GmbH
Printed in Europe/Imprimé en Europe
ISBN 978-3-494-01969-7

MIX
Papier | Fördert gute Waldnutzung
FSC® C084279

Inhalt

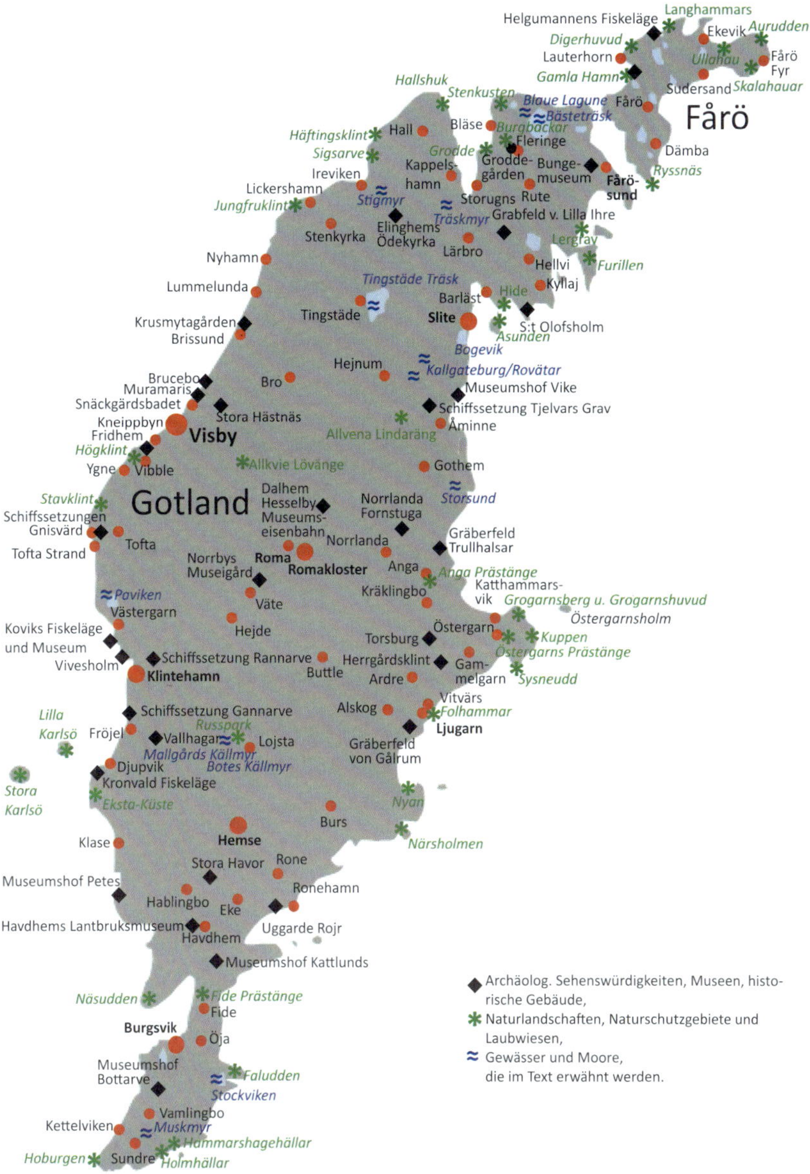

◆ Archäolog. Sehenswürdigkeiten, Museen, historische Gebäude,
✱ Naturlandschaften, Naturschutzgebiete und Laubwiesen,
≈ Gewässer und Moore,
die im Text erwähnt werden.

Gotland

Raukar von Langhammars
Naturreservat Digerhuvud
Fårö
Fårö Fyr
Raukgebiet Gamla Hamn
Ar
Hallshuk
Bläse
Fårösund
Kappelshamn
Ireviken
Storugns
Bunge
Ryssnäs
Lickershamn
Stenkyrkehuk
Bungenäs
Lergrav
Furillen
Slite
Lummelunda
Tingstäde
Visby
Högklint
Gothemshammar
Gnisvärd
Tofta
Roma
Gotland
Grogarnshuvud
Katthammarsvik
Herrviken
Kuppen
Danbo
Klintehamn
Lilla Karlsö
Fröjel
Djupvik
Raukgebiet Folhammar
Ljugarn
Stora Karlsö
Eksta-Kusten Naturreservat
Burs
Närsholmen
Hemse
Ronehamn
Windpark Näsudden
Burgsvik
Valar
Kettelviken
Vamlingbo
Hoburgen
Holmhällar und Hammarshagehällar

1. Die schönste Insel weit und breit: Warum man unbedingt nach Gotland reisen sollte

Das Licht des gotländischen Sommers: Gleißende Helle auf warmem Kalkstein. Blauer Himmel, unendlich hoch, und weite See. Der Duft von Kiefern und Sandthymian. Ein Sommertraum. Die Erinnerung an Gotland bleibt lange im Gedächtnis. An dunklen Wintertagen wächst die Sehnsucht, wieder dort zu sein: auf dieser leuchtenden, wunderschönen, herrlichen Insel mitten in der Ostsee.

Gotland ist ganz anders als das schwedische Festland. Der Gesteinsuntergrund ist auf der Insel vielerorts durch Kalkstein geprägt, die atemberaubend schönen Landschaften sind offener, die Wälder lichter. Gotland ist ein Naturparadies mit besonderen Pflanzen und Tieren und uraltem Gestein. Die Insel wurde schon relativ kurz nach der letzten Eiszeit von Menschen besiedelt und so finden sich auf Schritt und Tritt Zeugnisse der Vergangenheit: Schiffssetzungen, Fluchtburgen, Kaufmannshäuser der Hansezeit, alte Höfe, Fischersiedlungen und nicht zuletzt die mittelalterliche Stadtmauer und Innenstadt von Visby, Weltkulturerbe der UNESCO.

Gotland ist mit circa 3.000 Quadratkilometern die zweitgrößte Insel der Ostsee und liegt nordöstlich von Öland und südöstlich von Stockholm vor der Ostküste Schwedens. Die Nord-Süd-Ausdehnung beträgt etwa 175 Kilometer (Fårö eingerechnet), die maximale Ost-West-Ausdehnung ungefähr 52 Kilometer. Um Gotland herum befinden sich zahlreiche kleinere Inseln und Eilande: im Norden beispielsweise Fårö und Gotska Sandön („Gotländische Sandinsel"), im Westen die beiden Karlsinseln Stora Karlsö und Lilla Karlsö, im Osten Östergarnsholm, im Süden Heligholmen; es gibt noch viele weitere. Durch zahlreiche Buchten und Halbinseln hat Gotland eine sehr lange Küstenlinie mit Steilküsten, Steinstränden, Strandwiesen und Sandstränden – viel Raum für Mensch und Natur. Auf der Insel leben nur circa 61.000 Einwohner, davon etwa 25.000 in Visby.

Die Ostseeinseln östlich des schwedischen Festlandes, also Gotland, Öland und viele Schären, liegen im Windschatten der skandinavischen Landmasse. Wolken, die durch westliche Luftströmungen vom Atlantik zur Ostsee transportiert werden, regnen sich häufig schon auf dem Festland ab. Auf den Ostseeinseln fallen

Weitläufige Naturlandschaften zieren Gotlands Küsten, wie hier in Sigsarve.

Einen schönen Ausblick auf die beiden Karlsinseln bietet die flache Küste bei Västergarn.

entsprechend weniger Niederschläge, sodass es hier deutlich trockener ist als beispielsweise in Småland. Gotland hat verhältnismäßig viele Sonnenstunden, Schönwetterperioden sind häufig. Die Temperaturen werden von der Wassertemperatur der Ostsee mitbestimmt. Das Frühjahr ist recht kühl, da das Ostseewasser sich nur langsam erwärmt. Entsprechend mild ist der Herbst. Der Sommer kommt oft plötzlich, aber dann mit aller Macht. Das besondere, verhältnismäßig trockene und im Sommer und Herbst auch warme Klima bewirkt, dass Gotland reich an besonderen Pflanzen ist. Hier spielt allerdings auch der Kalksteinuntergrund eine wichtige Rolle. Es gedeihen viele Gewächse, die man eher viel weiter im Süden vermuten würde. In den letzten Jahren wurde sogar Weinanbau auf der Insel etabliert, wenn auch nur in geringem Umfang. In Gotlands Erde wachsen mancherorts Trüffel und sogar Feigen- und Maulbeerbäume können in günstigen Lagen gezogen werden. Von Juni bis in den Herbst hinein blühen in den Gärten Gotlands herrliche Rosen.

Wie in allen nordischen Ländern ist die eigentliche Sommersaison sehr kurz. Sie dauert von Mitte Juni bis Mitte/Ende August. Die Vorsaison von Mai bis Mitte Juni ist häufig noch von recht niedrigen Temperaturen begleitet, aber auch von länger werdenden, sonnigen, hellen Tagen. Der herannahende Herbst bringt eine gewisse Melancholie. Die Sonne geht nun deutlich früher unter. Gotland wird dann zur Zwischenstation für viele Vögel, die nach Süden ziehen, und ist dadurch ideal für die Vogelbeobachtung. Bei den Schweden ist das herbstliche Gotland auch sehr beliebt, um hier Konferenzen abzuhalten. Im Dezember bietet die Innenstadt von Visby einen besonders stimmungsvollen Hintergrund für Weihnachtseinkäufe.

Dieses Buch soll Ihr Reisebegleiter sein und dazu anregen, auf dieser wunderschönen Insel auf Ihre ganz persönliche Entdeckungsreise zu gehen: Gotlands spannende Vergangenheit zu erforschen, die wunderschönen Landschaften zu erkunden, uralte Gesteine mit interessanten Fossilien zu finden und Tiere und Pflanzen zu beobachten, die es anderswo in dieser Fülle schon lange nicht mehr gibt. Gotland ist magisch und inspirierend. Es ist ein Ort, der die Seele tief berührt.

Links: Die hohe Anzahl an Sonnenstunden ermöglicht sogar den Anbau von Wein. Dieser Weinberg liegt auf der Halbinsel Näsudden.
Rechts: Mohn und Natternkopf auf einer Weide südlich von Vibble. Auf Gotland wird man immer wieder von der bunten Blütenpracht am Wegesrand überrascht.
Unten: Idyllische Bucht bei Hide. An geschützten Stellen reicht der Wald auf Gotland bis an den Strand.

Flache Kalksteinplateaus und Geröllstrand auf Fårö. Die kleine Nachbarinsel liegt nördlich von Gotland und ist mit einer regelmäßig verkehrenden Autofähre leicht zu erreichen.

Wichtiger Hinweis:

Unbedingt mitnehmen!

Zwei Dinge braucht man unbedingt, wenn man nach Gotland reist. Erstens eine gute Karte (zum Beispiel von Norstedts, Gotland 1:100.000). Die Insel ist recht groß und einige der interessantesten und schönsten Sehenswürdigkeiten liegen an abgelegenen Orten. Zweitens sollte man auf jeden Fall eine Kamera mitnehmen. Auf Gotland sieht man oft Dinge, die man absolut nicht erwartet hat, die aber so schön sind, dass man sie unbedingt festhalten möchte. Ein weißes Pferd, das knietief in einem roten Mohnfeld steht, ein Straßenrand mit Hunderten von blauen Natternkopfblüten, eine blutrot von der Abendsonne angestrahlte Steilküste, Kraniche auf einer Wiese …

2. Gotland nach der Eiszeit: Der wahre Kern der Guta-Sage

„Ein Mann namens Tjelvar fand Gotland als Erster. Da war Gotland verwunschen, sodass es am Tage versank und in der Nacht aufstieg. Aber dieser Mann brachte als erster das Feuer auf das Land, und seitdem versank es nie mehr."

So beginnt die Guta-Sage, die den mythischen Ursprung Gotlands und der Gotländer überliefert. Nur ein einziges Dokument existiert, auf dem die Sage schriftlich festgehalten wurde. Es stammt vermutlich aus dem 14. Jahrhundert und wurde in Altgutnisch verfasst, der alten Sprache der Gotländer. Die Handschrift wird heute in der Königlichen Bibliothek in Stockholm aufbewahrt. Es handelt sich um eine Gesetzessammlung, das Gutalag, das jahrhundertelang auf Gotland galt. Die letzten acht Blätter dieses Schriftstücks sind der Guta-Sage vorbehalten. Der Verfasser dieser Texte ist unbekannt. Vermutlich ist die Guta-Sage jedoch wesentlich älter als die Handschrift. Ihre Wurzeln reichen weit in die Vergangenheit zurück, bis in die Zeit der ersten Besiedlung Gotlands kurz nach dem Ende der letzten Eiszeit.

Eisstauseen, Landhebungen und die Entwicklung der heutigen Ostsee

Während der Eiszeiten war Gotland lange Zeit von Gletschern bedeckt. Mit ihrem (vorläufigen?) Ende vor circa 10.000 bis 12.000 Jahren begann das Eis abzuschmelzen und es bildete sich im Bereich der südlichen Ostsee aus vielen kleineren Schmelzwasserseen der Baltische Eisstausee, da das Wasser wegen verschiedener Eisbarrieren zunächst nicht frei abfließen konnte. Der Wasserspiegel dieses Sees lag über dem der Weltmeere. Irgendwann bahnte sich das aufgestaute Wasser einen Weg nach Westen: Über einen Sund, der nördlich des heutigen Vättersees lag, ergoss es sich Richtung Nordsee. Der Wasserspiegel des Ostseebeckens sank daraufhin um circa 25 Meter auf das Niveau der Weltmeere.

Durch den Zustrom salzigen Wassers aus der Nordsee verwandelte sich die damalige Ostsee in ein Salzwassermeer, das *Yoldia*-Meer (benannt nach der Muschel *Yoldia arctica* beziehungsweise *Portlandia arctica*). Dieses Stadium dauerte ungefähr von 10.200 bis 9.300 Jahren vor heute.

Das Abschmelzen des Eises am Ende der Eiszeit bewirkte eine gigantische Entlastung der Erdkruste, die sich in allmählichen Landhebungen bis heute (!) bemerkbar macht. Vor ungefähr 9.300 Jahren hatte sich das Land in Süd- und

Mittelschweden so weit gehoben, dass die Verbindung zur Nordsee wieder abbrach. Erneut entstand ein See: der *Ancylus*-See (benannt nach einer Süßwasserschnecke).

Vor etwa 8.000 Jahren bahnte sich das aufgestaute Wasser wiederum einen Weg nach Westen und öffnete einen Abfluss zur Nordsee. Wieder drang salzhaltiges Wasser in das Ostseebecken. Das *Littorina*-Meer entstand (benannt nach der Strandschnecke *Littorina littorea*). Zu Beginn des *Littorina*-Stadiums war die Ausdehnung der Ostsee deutlich größer als heute. Viele Gebiete, die heute festes Land sind, lagen unter Wasser. Das jetzige Stadium der Ostsee, das vor ungefähr 500 Jahren begann, heißt *Mya*-Meer (nach der Sandklaffmuschel *Mya arenaria*; das *Mya*-Meer gilt als Unterstadium des *Littorina*-Meeres).

Die Sandklaffmuschel Mya arenaria ist ein typischer Bewohner der heutigen Ostsee.

Seit der letzten Eiszeit ist die Geschichte des Ostseeraums von Meeresspiegelschwankungen geprägt. Die Guta-Sage könnte somit einen wahren Kern haben. Es ist anzunehmen, dass sie die Erfahrungen der Menschen widerspiegelt, die sich vor vielen tausend Jahren auf Gotland ansiedelten und möglicherweise Zeugen mancher Meeresspiegelveränderungen wurden. Diese geschahen nicht immer allmählich, sondern auch plötzlich. Es gibt ernst zu nehmende Hinweise darauf, dass das Verschwinden des Baltischen Eisstausees und des *Ancylus*-Sees recht schnell vonstattenging und zumindest teilweise den Charakter von Naturkatastrophen hatte (Ehlers 2011, siehe Literaturverzeichnis).

Die Raukar vom Bogeklint liegen etwa 1,5 Kilometer von der heutigen Küste entfernt. Sie entstanden, als das Wasser eines Vorläufers der Ostsee weiter ins Binnenland reichte als heute.

In der jüngeren erdgeschichtlichen Vergangenheit machten sich immer wieder Meeresspiegeländerungen und Landhebungen bemerkbar. Auf Gotland findet man zahlreiche Zeugnisse dafür. Einige Raukar (bizarr geformte Kalksteinsäulen, s. S. 200) stehen weit im Binnenland, zum Beispiel das Raukgebiet Bogeklint südlich von Slite. Da Raukar überwiegend unter dem Einfluss der Meereswellen durch Erosion entstehen, ist dies ein Beweis dafür, dass das Meer einmal deutlich weiter ins Binnenland reichte.

An anderen Stellen sieht man fossile und subfossile Strandwälle, die sich heute jenseits des Einflussbereichs der Sturmwellen befinden. Ein Strandwall ist ein von den Brandungswellen aufgeworfener Wall aus Strandgeröll oder Sand. Besonders hohe Strandwälle entstehen im Winterhalbjahr bei Stürmen. Sie werden durch den nächsten Sturm zerstört, immer wieder umgelagert und neu geformt. Hebt sich das Land, liegen sie irgendwann nicht mehr im Bereich der Brandung. Sie bleiben, wie sie sind, bis sie (nach Jahren, Jahrzehnten oder noch später) durch Erosion oder von Lebewesen zerstört werden. Typisch für fossile und subfossile Strandwälle ist, dass sie treppenartig gestaffelt ungefähr küstenparallel hintereinanderliegen. Die fossilen Strandwälle zeigen, dass sich das Land hob beziehungsweise immer noch hebt.

Nahe Fleringe in Nordgotland liegt ein großes Gebiet aus Strandgeröll, das 1,5 Kilometer von der heutigen Küste entfernt und von Wald umgeben ist. Das circa 2,5 Kilometer lange und 50 bis 150 Meter breite Areal mit Strandwällen entstand, als im *Littorina*-Stadium der Ostsee die Landhebung auf Gotland noch nicht so weit

Fossile Strandwälle, Asunden bei Slite. Sie sind ein Hinweis auf die immer noch vor sich gehende Landhebung – immerhin 10.000 Jahre nach der letzten Eiszeit!

fortgeschritten war wie heute. Der Meeresspiegel des Ostsee-Vorläufers lag damals im Verhältnis 20 bis 25 Meter höher als jetzt. Das Gelände ist kaum von Vegetation bedeckt, obwohl es schon seit mehreren Tausend Jahren nicht mehr direkt von den Ostseewellen beeinflusst wird.

Fossile Strandwälle von Burgbackar nahe Fleringe. Diese uralten Strandwälle liegen heute weit im Binnenland.

3. Höhlenmenschen und Robbenjäger: Die Besiedlung Gotlands in der Steinzeit

Die Besiedlung Gotlands geschah schon in der Altsteinzeit. Menschen kamen über das Meer und lagerten schon vor etwa 9.500 Jahren vor allem an Küsten und Flussmündungen. Dabei dienten natürliche Höhlen, die sich an vielen Stellen in den Kalksteinklippen an den Küsten Gotlands und der benachbarten Kleininseln befinden, als Wohnung, Vorratsraum oder Werkstatt.

Auf der Gotland vorgelagerten kleinen Insel Stora Karlsö fanden schon im ausgehenden 19. Jahrhundert Ausgrabungen statt, bei denen man in der Höhle Stora Förvar menschliche Überreste, Werkzeuge und massenhaft Tierknochen fand. Bestimmte Schichten in der Höhle wiesen eine hohe Funddichte an Gegenständen und Knochen auf, andere eine sehr geringe, was darauf hindeutet, dass die Höhle im Lauf der Geschichte mehrfach bewohnt und wieder aufgegeben wurde. Jägerkulturen lebten (und leben auch heute noch) oft nomadisch oder halbnomadisch.

Aus den Werkzeugen und Tierknochen lassen sich Rückschlüsse auf die Ernährungsgewohnheiten dieser ersten Bewohner ziehen. Harpunen und Angelhaken aus Knochen wurden für die Robbenjagd und den Fischfang verwendet. Knochenfunde belegen, dass die Steinzeitjäger Seehunde und Kegelrobben jagten. Reste von Feuerstellen und Keramikscherben zeigen, dass aus Robbenspeck Tran gekocht wurde. Man verwendete den Tran als Lampenöl und zur Bearbeitung von Tierhäuten. Dorsch, Lachs, Hering und sogar Thunfisch wurden gefangen. Möglicherweise waren der Salzgehalt und die Wassertemperatur des damaligen Ostseevorläufers zeitweise höher als heute. Ein ganz besonderer Fund in der Höhle Stora Förvar sind – neben den Knochen von Basstölpeln – die Reste eines Riesenalks. Dieser schon Mitte des 19. Jahrhunderts ausgestorbene Vogel, der mit dem Tordalk (s. S. 236 ff.) verwandt ist, wurde etwa 50 Zentimeter groß. Weitere Funde dieses Vogels sind aus dem Ostseeraum nicht bekannt.

Einige steinzeitliche Wohnstätten wurden auch in anderen Gegenden Gotlands gefunden. Man vermutet, dass die Steinzeitmenschen auf Gotland nicht nur in Höhlen lebten, sondern auch in Hütten und Zelten an den Küsten. Sie trieben sogar schon Handel mit anderen Völkern im Ostseegebiet. Ein frühes Handelsgut war Flint. Flint oder Feuerstein ist ein Material, dass sich zu rasiermesserscharfen Klingen verarbeiten lässt. Er wurde zur Herstellung von Steinwerkzeugen und Waffen verwendet. Das natürliche Hauptvorkommen des Feuersteins liegt im südwestlichen Ostseegebiet, beispielsweise in Schonen, Dänemark und Norddeutschland[1]. Bern-

---

1 Kleinere Feuersteingeschiebe beziehungsweise Feuersteingerölle (mit ordovizischem und silurischem Flint) finden sich in Gotlands Strandwällen und in eiszeitlichen Ablagerungen, s. S. 223 f.

Die Höhle Stora Förvar auf der kleinen Insel Stora Karlsö vor Gotlands Westküste wurde schon in der Steinzeit von Menschen genutzt.

stein von den Küsten der südlichen Ostsee war eine weitere begehrte Handelsware in der Steinzeit.

Ungefähr vor 4.000 Jahren wurden die frühen Gotländer allmählich zu Ackerbauern und Viehzüchtern, wobei das Sammeln, Fischen und Jagen mehr oder weniger bis in unsere Zeit nebenher betrieben wurde.

Das „Igelmädchen“ und die „Frau mit den Flöten“ – Geheimnisvolle Steinzeitgräber

Eines der größten steinzeitlichen Gräberfelder auf Gotland liegt bei Ajvide nahe Eksta. Es war etwa seit 5.000 vor Christus für mehrere Tausend Jahre in Benutzung. Seit den 1980er Jahren wird es archäologisch untersucht. Die steinzeitlichen Bewohner von Ajvide erhielten reiche Grabbeigaben wie Angelhaken und Harpunen aus Knochen, Äxte oder Keramikgefäße mit Nahrungsmitteln und Robbentran. Der trockene, kalkhaltige Boden bewahrte die Knochen und Gegenstände besonders gut. In Gotlands Museum in Visby werden einige der interessantesten Funde ausgestellt. Besonders der Inhalt zweier Gräber ist rätselhaft und geheimnisvoll. Dazu zählt das Skelett einer ungefähr 20-jährigen zierlichen Frau, um deren Kopf herum man zahlreiche Igelstacheln fand. Vermutlich trug sie eine Art Kappe aus Igelhaut. Dem „Igelmädchen“ wurden bei ihrer Beerdigung, die um 2.800 vor Christus stattfand, ein Lederbeutel mit fünf Igel-Unterkiefern sowie Kormoranknochen auf die Brust gelegt. Sie trug einen knielangen Rock, der mit Perlen aus Tierzähnen gesäumt war. Im Grab lagen außerdem weitere Perlen aus Knochen und Bernstein sowie Keramikreste und verschiedene Werkzeuge. Der Inhalt dieses Frauengrabes gibt Rätsel auf. War diese Frau eine Schamanin? Betrieb sie Zauberei? Igelknochen wurden an zahlreichen steinzeitlichen Siedlungsplätzen Gotlands gefunden. Möglicherweise hatten Igel damals eine besondere Bedeutung oder wurden gezähmt und als heilige Tiere angesehen. Noch heute ist der Igel das Landschaftstier Gotlands.

Ein weiteres geheimnisvolles Grab von Ajvide beherbergte ein Frauenskelett, das um 2.600 vor Christus in einer mit rotem Ocker gefüllten Grube bestattet wurde. Der Toten wurden zahlreiche Flöten beziehungsweise Pfeifen aus Knochen beigegeben, die möglicherweise dazu dienten, Vögel oder Seehunde anzulocken. Weitere Grabbeigaben der „Frau mit den Flöten“ waren ein prächtig verzierter Kamm und ein schmetterlingsförmiges Schmuckstück aus Knochen. Auch diese Frau muss eine besondere Stellung innegehabt haben, deren genaue Bedeutung wir nur erahnen können.

4. Schiffssetzungen, Fluchtburgen und Gräberfelder

Kleine Zeittafel

Steinzeit: bis ca. 1500 v. Chr.
Bronzezeit: ca. 1500 bis 500 v. Chr.
Vorrömische Eisenzeit: ca. ab 500 v. Chr. bis Christi Geburt
Römische Eisenzeit: ca. ab Christi Geburt bis 400 n. Chr.
Völkerwanderungszeit: 375 bis 568 n. Chr.
Vendelzeit[1]: ca. 550 bis 800 n. Chr.
(Nordische) Eisenzeit[2]: 500 v. Chr. bis 1066 n. Chr.
Wikingerzeit: 793 bis 1066 n. Chr.
Mittelalter[3]: ab 1066 n. Chr.

Gotland ist eine Insel mit einem erstaunlichen Reichtum an historischen Fundstellen aus der Bronze-, der Völkerwanderungs-, der Eisen- und der Wikingerzeit. An vielen Orten findet man uralte Gräber und Gräberfelder, Schiffssetzungen, Fluchtburgen, Hausfundamente, aufgegebene Höfe und Ackerflächen oder Reste von Hafenanlagen. Die Funddichte ist rekordverdächtig und zählt zu den höchsten in Europa. Viele archäologische Schätze Gotlands sind in ihrer Art einmalig und besonders. Aber auch wenn man an diesen Dingen kein größeres Interesse hat: Die geheimnisvollen und schönen Orte, an denen Menschen vor langer Zeit ihre Spuren hinterließen, lassen wohl niemanden unberührt.

Schon in der Steinzeit und der Bronzezeit trieben die gotländischen Bauern regen Handel. In der Bronzezeit wurden Waren aus dem Westen (sogar von den britischen Inseln) gegen Waren aus dem östlichen Ostseegebiet getauscht. Zu den kostbarsten Handelsgütern zählten Gold, Bronze, Kupfer, Bernstein und Pelze. Die Bauern auf Gotland waren oft gleichzeitig Händler. Im Sommerhalbjahr, von Mai bis September, waren sie auf Handelsfahrt, während ihre Höfe von ihren Frauen, Verwandten und dem Gesinde betrieben wurden. Der Handel mit den Ländern des Ostseegebiets war einträglich, aber gefährlich. Auf ihren langen Reisen mussten die Händler mit feind-

1 Die Vendelzeit wurde nach reichen Bootsgräbern nahe der Kirche von Vendel in Uppland benannt. Verstorbene von Rang wurden in dieser Zeit mit besonders reichen Grabbeigaben bestattet.

2 In Schweden wird die Wikingerzeit in der Geschichtsschreibung meist noch zur Eisenzeit gerechnet. In Mitteleuropa zählt diese Zeit schon zum Mittelalter. Die Wikingerzeit beginnt „offiziell" 793 mit dem Überfall auf das Kloster Lindisfarne in Nordostengland und endet 1066 mit der Schlacht bei Stamford Bridge beziehungsweise der Eroberung von England durch die Normannen und der Zerstörung Haithabus durch die Wenden im gleichen Jahr.

3 Als Beginn des Mittelalters wird in Mitteleuropa traditionell der Untergang Roms im Jahr 476 nach Christus betrachtet, in Schweden jedoch das Ende der Wikingerzeit um 1066 nach Christus.

lichen Überfällen, Stürmen, widrigem Wetter, Unfällen und Krankheiten rechnen. Einige kamen um, andere aber wurden geradezu sagenhaft reich.

Auf Gotland findet man zahlreiche Steinhaufengräber oder Rösen (schwedisch/gotländisch „rojr“, „roir“ oder „röjr“). Sie stammen aus der Bronzezeit, teilweise auch noch aus der Eisenzeit und waren unter anderem auch auf Öland, auf dem schwedischen Festland, in Norwegen und in Dänemark verbreitet. Die Steinhaufengräber bestehen aus kleineren, in einigen Fällen auch aus riesigen Haufen von Steinen. Die bedeutenderen Rösen weisen (heute) meist eine Höhe von zwei bis drei Metern und einen Durchmesser von 15 bis 30 Metern auf. Einige sind sogar deutlich größer. Das gewaltigste Steinhaufengrab Gotlands ist Uggarde Rojr bei der Hafenstadt Rone im Südosten der Insel. Es misst 50 Meter im Durchmesser, ist sieben Meter hoch und besteht aus etwa 15.000 Tonnen (!) an Steinen. Kleinere Steinhaufengräber erheben sich nur wenig über den Erdboden und sind nur ein bis zwei Meter breit. Diese findet man oft auf Grabfeldern, wo viele Gräber nebeneinanderliegen. Sie sind manchmal zusätzlich mit einem besonderen, gerundeten Stein

Das bronzezeitliche Steinhaufengrab bei Bro ist circa 3,5 Meter hoch und hat einen Durchmesser von circa 38 Metern.

Das vendelzeitliche Gräberfeld Trullhalsar bei Anga befindet sich in einem einsam gelegenen Wald. Es umfasst etwa 350 Gräber, darunter Steinhaufengräber und Steinsetzungen. Die deutsche Übersetzung von Trullhalsar lautet „Trollhälse". Der eigenartige Name soll daher rühren, dass die aufgerichteten Steine einer Steinsetzung aus der Erde ragen wie die Hälse von Trollen.

geschmückt („gravklot"). In der Bronzezeit wurden vermutlich nur hochgestellte Personen in den wenigen, aber großen Rösen begraben. In der Eisenzeit entstanden deutlich mehr, dafür aber eher kleinere Steinhaufengräber. Dies deutet darauf hin, dass nun auch einfache Leute solche Begräbnisse erhielten.

Archäologischen Untersuchungen zufolge enthielten die großen Steinhaufengräber in ihrem Zentrum Grabkammern sowie Holz- oder Steinkisten mit den Überresten der Verstorbenen. Ursprünglich hatten die Grabkammern Einfassungen aus Randsteinen oder Trockenmauern. Sie wurden leider oft im Lauf der Geschichte von Grabräubern geplündert. In vielen Fällen wurden die Gräber auch von späteren Generationen „wiederverwendet" und so finden sich manchmal die Reste mehrerer Bestattungen in einem Hügel. Die kraterähnlichen Vertiefungen, die man in manchen Rösen sieht, können verschiedene Ursachen haben: Die verborgene Grabkammer im Zentrum des Steinhaufens kann eingestürzt sein; spätere Generationen haben das Grab als „Steinbruch" verwendet, um beispielsweise Steinmauern zu bauen; oder Grabräuber haben die Rösen geöffnet, um verborgene Schätze zu rauben.

Das landschaftlich schön gelegene Gräberfeld von Gålrum nahe Ljugarn wurde in der Bronzezeit und in der Eisenzeit genutzt. Man findet hier verschiedene Arten von Gräbern, darunter mehrere Schiffssetzungen, andere Steinsetzungen und Steinhaufengräber.

Digerrojr ist ein mächtiges, wenn auch stark beschädigtes, bronzezeitliches Steinhaufengrab auf dem Gräberfeld von Gålrum. „Diger" bedeutet „groß".

Denkmalschutz auf Gotland

Schweden hat vermutlich das älteste Denkmalschutzgesetz der Welt. Seine erste Fassung stammt bereits aus dem Jahr 1666. Die zahlreichen historischen Monumente Gotlands sind streng geschützt. Es ist selbstverständlich verboten, sie zu beschädigen oder archäologische Funde zu entwenden. Auch die Steine der Steinhaufengräber, alter Mauern oder Ähnlichem dürfen nicht entfernt, in ihrer Lage verändert oder gar mitgenommen werden. Die Verwendung von Metalldetektoren ist auf Gotland und den umgebenden Inseln untersagt!

Eine andere Form der Bestattung auf Gotland (von etwa 500 vor Christus bis 550 nach Christus, also in der nordischen Eisenzeit) waren die Radgräber. Hier wurde eine Grabstätte mit einem Kreis aus Steinen umgeben. Manche Radgräber weisen mehrere konzentrische Kreise auf, andere ähneln einem Rad mit Speichen. Radgräber waren nicht nur auf Gotland üblich, sondern beispielsweise auch auf dem schwedischen Festland und in Dänemark.

Auf Gotland und Fårö fanden sich vereinzelt Felsritzungen („hällristningar"), wie sie vom schwedischen Festland bekannt sind, etwa in Hägvide bei Lärbro, in Lye und bei Lansa auf Fårö. Große Findlinge mit eingehauenen schalenartigen Gruben, sogenannten „cupmarks", sollen in der Bronzezeit als Opfersteine verwendet worden sein, beispielsweise der „Sangelstain" in der Lajkar-Heide bei Lärbro.

Rekonstruiertes Radgrab aus der Eisenzeit, circa 4. Jahrhundert nach Christus, Stenkyrka. In der Mitte befand sich ein Steinhaufen, unter dem die Reste zweier Kalksteinsärge gefunden wurden. Der äußere Rand des Grabes besteht aus zwei Kreisen aus größeren Feldsteinen. Zwischen Röse und äußerem Rand liegen zahlreiche, Y-förmige „Speichen" aus kleineren Feldsteinen.

Der Pakt der Gotländer mit dem König der Svear

Der Gotländer Awair Strabain (oder Avair Stråben) aus Alva ist eine weitere Gestalt aus der Guta-Sage. Als geschickter Unterhändler erwirkte er den Schutz des Svear-Königs für Gotland. Die Gotländer waren von alters her frei, keiner herrschte über sie. Doch die Lage der Insel mitten in der Ostsee sowie die lange Küstenlinie machten Gotland angreifbar. Jederzeit konnten Feinde landen. Die Bevölkerung der Insel schwebte in ständiger Gefahr, wovon die Überreste zahlreicher Fluchtburgen künden. Deshalb schickten der Guta-Sage nach die Gotländer mehrmals Gesandte auf das Festland zum König der Svear nach Alt-Uppsala. Die mächtigen Svear herrschten damals über Mittelschweden. Die Gotländer gedachten, sich unter deren Schutz zu stellen. Awair Strabain war nun derjenige, der diese Mission zu einem erfolgreichen Abschluss brachte. Fortan mussten die Gotländer den Svear jedes Jahr einen Tribut in Form von Silber entrichten. Zwischen den Gotländern und den Svear wurde außerdem ein Freihandelsabkommen vereinbart, das auch für die vom Svearkönig eroberten Territorien im Osten galt (heutiges Baltikum und Polen). Die Gotländer durften im Reich der Svear fortan ungehindert und zollfrei Handel betreiben. Als Zeitpunkt dieses Abkommens wird die Mitte des 6. Jahrhunderts nach Christus vermutet.

Trotz der Tatsache, dass die Gotländer nun dem König auf dem Festland tributpflichtig waren, blieben sie im Wesentlichen frei. Gotland war eine Art Protektorat geworden, aber genoss weitestgehende Selbständigkeit. Nach der Christianisierung der Insel (also möglicherweise ab dem 11. Jahrhundert) waren die Gotländer der Guta-Sage zufolge außerdem verpflichtet, dem Svearkönig Kriegsdienst zu leisten. Sie mussten sieben Schiffe samt Besatzung und Proviant für dessen Kriegszüge gegen heidnische Länder zur Verfügung stellen.

Seit der späteren Bronzezeit bis in die Wikingerzeit hinein entstanden auf Gotland Schiffssetzungen. Die damaligen Gotländer stellten große Steine in der Form eines Schiffsrumpfes auf, ein Zeichen dafür, wie wichtig Boote und Schiffe in ihrem Leben und in ihrer Vorstellung waren. In oder neben manchen Schiffssetzungen wurden menschliche Überreste gefunden; es handelt sich hier um Grabstätten. Möglicherweise entstanden einige derartige Monumente auch aus anderen Gründen, beispielsweise als Gedenkstätten für verschollene Schiffsbesatzungen. Manche vermuten in ihnen auch eine Art astronomischen Kalender. Auf Gotland finden sich circa 350 Schiffssetzungen. Damit ist Gotland der Ort mit der höchsten Funddichte. Es gibt sie auch auf der Nachbarinsel Öland, dem schwedischen Festland und in Dänemark; untergeordnet auch in Norwegen, Norddeutschland, dem Baltikum, Finnland und Russland.

In einem Wald westlich von Tjälder an der Ostküste Gotlands liegt eine besondere Schiffssetzung: „Tjelvars Grav" (Tjelvars Grab). Hier soll der Sage nach der mythische Erstbesiedler Gotlands begraben sein. Als man in den 1930er Jahren das Grab untersuchte, stellte man leider fest, dass es wohl schon vor langer Zeit geplündert worden war. Es lagen nur einige Knochenreste und Keramikscherben darin.

Erlebnistipp:

Uralte Gräber und Schiffssetzungen

Steinhaufengräber sind an vielen Stellen der Insel erhalten, zum Beispiel in Bro, in Gålrum bei Alskog, in Gothem (Majsterrojr) oder bei Rone (Uggarde Rojr). Ein rekonstruiertes Radgrab kann man sich beispielsweise in Stenkyrka ansehen. Große Gräberfelder gibt es unter anderem in Valhagar bei Fröjel, in Annelund nördlich von Visby, in Lilla Ihre bei Hellvi, in Gålrum bei Alskog und in Trullhalsar nahe Anga.

Interessante Schiffssetzungen findet man zum Beispiel an der Landstraße von Visby nach Fröjel (Gannarve, mit wunderbarer Aussicht), bei Gnisvärd (im Wald), bei Domarlund nahe Lärbro, in Rannarve nordöstlich von Klintehamn und auf dem Gräberfeld von Gålrum bei Alskog.

Die rekonstruierte bronzezeitliche Schiffssetzung von Gannarve bei Fröjel liegt auf einem Kalksteinplateau mit herrlichem Blick über die Ostsee und Lilla Karlsö.

Gleich drei Schiffssetzungen liegen in einem Wald an der nördlichen Zufahrtsstraße nach Gnisvärd. Die Schiffssetzung direkt an der Straße ist am besten erhalten und circa 45 Meter lang. *Foto: Dr. A. Popp*

Auf Gotland stößt man auch auf einige seltsame Labyrinthe. Es sind Steinsetzungen mit bis zu kopfgroßen Steinen, angeordnet in Form eines verschlungenen Irrgartens, circa fünf bis zwanzig Meter im Durchmesser. „Trojaborg" heißen diese merkwürdigen Gebilde in Schweden. Ihr Alter ist umstritten. Einige entstanden vermutlich in der Bronze- oder Eisenzeit, andere aber erst viel später, manche erst während der letzten 150 Jahre. Steinlabyrinthe sind in vielen Gegenden Europas gefunden worden, ihr Vorkommen ist nicht auf Gotland beschränkt. Ihre Funktion und Bedeutung wird kontrovers diskutiert. Es könnte ein Zusammenhang mit dem antiken Mythos des Minotaurus bestehen, der, halb Mensch, halb Stier, der Sage nach im Labyrinth des Königs Minos auf Kreta lebte. Diesem Ungeheuer wurden Menschenopfer dargebracht. Schließlich wurde es durch den Helden Theseus bezwungen, der sich mithilfe des Ariadnefadens im Labyrinth orientieren konnte. Möglicherweise dienten die Trojaborg-Steinsetzungen unbekannten religiösen Riten oder Tänzen, oder als Sonnenkalender.

Erlebnistipp:

Mystische Steinlabyrinthe

Steinlabyrinthe findet man beispielsweise vor der Kirche von Fröjel, an der Küste nördlich der Stadtmauer von Visby, bei Ottes nahe Sundre im Süden oder beim Leuchtturm Fårö Fyr auf Fårö.

„Trojaborg" vor der Kirche von Fröjel

Nahe Kräklingbo im Osten von Gotland liegt in einem Waldgebiet eine ringförmige Mauer von wahrhaft gigantischen Ausmaßen: die Torsburg. Sie hat einen Durchmesser von circa 1,5 Kilometern. Für diese Festung wurde ungefähr so viel Gestein bewegt wie für den Bau einer ägyptischen Pyramide. Die Torsburg entstand archäologischen Untersuchungen zufolge in den ersten nachchristlichen Jahrhunderten unter Ausnutzung einiger natürlicher Steilhänge des Geländes. Die gewaltigen Mauern wurden über viele Jahrhunderte hinweg immer wieder verändert und repariert. Mindestens zwei Brände konnten nachgewiesen werden - möglicherweise ein Hinweis auf feindliche Angriffe. Die Torsburg war vermutlich bis in die Wikingerzeit immer wieder in Verwendung. Die beeindruckenden Reste dieser Fluchtburg sind frei zugänglich und können jederzeit besichtigt werden. Sie liegen inmitten von ausgedehnten Wald- und Kalkheideflächen.

Gotland war in seiner frühen Geschichte (und auch später noch) vielen Invasionen und Angriffen ausgesetzt, besonders in den ersten Jahrhunderten unserer Zeitrech-

Vom mächtigen Ringwall der Torsburg blieben große Teile erhalten. Die Fluchtburg ist die drittgrößte in Skandinavien. *Foto: Dr. A. Popp*

nung. Es gibt auf der Insel insgesamt über 80 Fluchtburgen, die der Bevölkerung als Zuflucht gedient haben. In der Guta-Sage wird berichtet, dass es auf Gotland zu einer Überbevölkerung kam. Da das Land die Menschen nicht mehr ernähren konnte, wurde per Los jeder Dritte bestimmt, die Insel zu verlassen. Die so zur Auswanderung Genötigten wollten jedoch bleiben und sollen sich der Sage zufolge in der Torsburg verschanzt haben. Möglicherweise hat auch diese Geschichte einen wahren Kern. Die Fluchtburgen sind ein Indiz für Unruhen und Angriffe in diesen dunklen Jahrhunderten. Die Guta-Sage berichtet weiter, dass die aus ihrer Heimat vertriebenen Gotländer schließlich aus der Torsburg verjagt wurden und zunächst nach Fårö weiterzogen, dann nach Estland. Von dort gingen sie nach Russland, wo sie den Flüssen folgten und schließlich bis nach Griechenland gelangten.

Geheimnisvolle Goten

Schon immer haben Menschen versucht, ihre Lebensverhältnisse zu verbessern. Nicht immer friedlich durch eigene Arbeit und Tüchtigkeit, sondern auch durch gewaltsame Expansion ihres Siedlungsgebietes, Raub- und Eroberungszüge. Schon in den ersten Jahrhunderten vor unserer Zeitrechnung machten sich einige Stämme in Nord-, Mittel- und Osteuropa auf den Weg, um neue Siedlungsräume hauptsächlich im Süden zu erschließen, etwa die Cimbern und Teutonen. Als Beginn der eigentlichen Völkerwanderungszeit gilt der Einfall der Hunnen nach Europa im Jahr 375 nach Christus, wodurch Wanderungs- und Verdrängungsprozesse ausgelöst oder noch verstärkt wurden. Die Völkerwanderungszeit wird traditionell bis 568 nach Christus datiert. Die Ursachen dieser Wanderbewegungen waren unter anderem eine mögliche Verschlechterung des Klimas und dadurch hervorgerufene Missernten, Verdrängung durch kriegerische Stämme oder auch einfach nur die Aussicht auf Reichtum im Süden – etwa im Römischen Reich. Ob wirklich immer ganze Stämme oder Völker loszogen oder ob es oft auch nur der Tross eines Heeres auf der Suche nach lohnender Beute war, ist unter Historikern umstritten. Auch waren häufig keine ethnisch homogenen Gruppen unterwegs, sondern lockere Zusammenschlüsse von Menschen verschiedener Herkunft, aber ähnlicher Motivation.

Das Römische Reich war an seinen Grenzen immer von äußeren Feinden bedroht. Im Jahr 395 wurde es in ein Weströmisches und ein Oströmisches Reich geteilt. Das Oströmische Reich hatte seine Hauptstadt Konstantinopel (Byzanz, „Ost-Rom“) am Bosporus. Die byzantinische Alltagskultur und Sprache waren griechisch dominiert.

Die Herkunft der sagenumwobenen Goten wurde in der Geschichtsschreibung lange von den Gauten („götar“) auf dem schwedischen Festland und/oder von den Guten beziehungsweise Gotländern („gutar“) abgeleitet. Eine Herkunft aus Skandinavien ist möglich, aber nicht zweifelsfrei bewiesen. Nach neueren Forschungsergebnissen steht fest, dass die Wanderungen der Goten ihren Anfang in ihren (ursprünglichen?) Siedlungsgebieten an der Weichselmündung nahmen. Die Goten zogen in den ersten Jahrhunderten nach Christus nach Südosten. Ihnen schlossen sich andere Stämme und Gruppen an. Sie siedelten sich westlich des Schwarzen Meeres an der unteren Donau und auf der Krim-Halbinsel an, im Einflussgebiet und Grenzgebiet des Byzantinischen Reichs. Nach kriegerischen Auseinandersetzungen erhielten sie schließlich durch den oströmischen Kaiser den Status von Verbündeten (lateinisch „foederati“).

Der Guta-Sage zufolge waren unter den Siedlern in „Griechenland“, wie es in der Überlieferung heißt, die Gotländer, die wegen der Überbevölkerung durch das Los bestimmt worden waren, die Insel zu verlassen. Der dortige Herrscher hoffte, dass sie bald wieder weiterzögen. Die Exil-Gotländer aber wollten bleiben, und er ließ sie nach anfänglichem Widerstand gewähren. Es zeigen sich deutliche Parallelen der Guta-Sage zur Geschichte der Goten. Möglicherweise fußt einiges von dem, was in der Sage berichtet wird, auf wahren Begebenheiten.

Die Wanderungen der Goten gingen jedoch noch weiter. Ein Teil von ihnen, die Westgoten, eroberte 410 nach Christus unter ihrem König Alarich Rom. Der Ostgote Theoderich und seine Nachfolger herrschten am Ende des 5. Jahrhunderts bis zur Mitte des 6. Jahrhunderts nach Christus über Italien. Andere Gruppen zogen weiter bis nach Gallien und auf die iberische Halbinsel, wo sie Reiche gründeten, die jedoch nach kurzer Zeit wieder zerfielen.

Erlebnistipp:

Einfach riesig – die Torsburg

Ein Ausflug zur Torsburg lohnt sich. Es gibt mehrere Parkplätze, von denen aus man zu Fuß in das Gelände der Fluchtburg gelangt. Zahlreiche Wege erschließen das mit lichtem Wald bewachsene Innere der Burg, das gleichzeitig ein Naturreservat ist. Neben den beeindruckenden Mauerresten finden sich zahlreiche seltene Pflanzen und Insekten.

Weitere interessante Fluchtburgen liegen auf dem Herrgårdsklint bei Gammelgarn (nicht weit südöstlich der Torsburg), bei Brucebo nördlich von Visby, auf dem Grogarnsberg nahe Östergarn oder bei Stora Havor nahe Hablingbo.

5. Bildsteine: Sonnenkult und „Gotländische Edda“

Eine einmalige archäologische Kostbarkeit sind Gotlands Bildsteine, die überwiegend vom 5. bis zum 12. Jahrhundert nach Christus entstanden. Eine ganze Anzahl von ihnen blieb erhalten, obwohl oder gerade weil einige als Baumaterial für spätere Kirchen, Ställe oder Brücken „recycelt“ wurden. Die Schönsten werden in einem Saal von Gotlands Museum in Visby ausgestellt. Andere befinden sich beispielsweise im Freilichtmuseum in Bunge, im Historischen Museum in Stockholm oder (seltener) noch dort, wo sie ursprünglich aufgestellt wurden.

Zur Herstellung der Bildsteine verwendete man meist Kalkstein oder Sandstein, nur selten anderes Gestein. Die Motive wurden flach eingeritzt und wahrscheinlich mit leuchtenden Farben nachgezogen. Dies lassen Farbreste vermuten, die man bei näherer Untersuchung der Steine entdeckte. Es war nicht leicht, die Darstellungen auf den Bildsteinen zu rekonstruieren. Im Laufe der Jahrhunderte fielen manche Einzelheiten der Verwitterung oder mutwilliger Beschädigung zum Opfer. Bei der Restaurierung wurde mit Fotografien und schräg einfallender Beleuchtung aus verschiedenen Richtungen versucht, den alten Ritzungen auf die Spur zu kommen. Diese wurden dann mit Farbe nachgezeichnet. Besondere Verdienste um die Erforschung der Bildsteine erwarb sich der schwedische Archäologe Sune Lindqvist (1887-1976).

Verwitterter Bildstein auf dem Gräberfeld von Gålrum südwestlich von Ljugarn. Von den ursprünglich vorhandenen Ritzungen blieb kaum etwas erhalten.

Die frühen Bildsteine aus dem 5./6. Jahrhundert nach Christus wurden üblicherweise auf Begräbnisplätzen aufgestellt. Ihr Umriss ist oft rechteckig und dabei oben abgerundet (wie bei einer Axtklinge). Typische Motive sind geometrische Muster und Ornamente wie Spiralen oder Wirbelräder, Rosetten, stilisierte Tiere und Boote. Die Wirbelräder stellen möglicherwei-

Der Bildstein von Alskog/Tjängvide (vermutlich 8. Jahrhundert) zeigt unter anderem ein Schiff mit Kriegern und das mythische achtbeinige Ross Sleipnir. Die Frauengestalt im oberen Bildfeld stellt wahrscheinlich eine Walküre dar, die einem Reiter ein Methorn reicht. Szenen wie diese werden von vielen Historikern als Ankunft der im Kampf gefallenen Krieger in Walhalla, dem heidnischen Jenseits, interpretiert. Der Bildstein befindet sich heute im Staatlichen Historischen Museum in Stockholm.
Foto: Ola Myrin/Statens Historiska Museum, Stockholm

se Sonnensymbole dar. Boote oder Schiffe werden von einigen Forschern als Symbol für die Überfahrt des Verstorbenen ins Totenreich angesehen. Eine ähnliche Bedeutung hatten wohl auch die Schiffssetzungen (siehe Kapitel 4). In vielen alten Kulturen glaubte man, dass das Totenreich im Westen angesiedelt sei, dort, wo die Sonne untergeht.

Viele Tiermotive der Bildsteine des 5./6. Jahrhunderts sind stilisierte entenartige Vögel, Hirsche, Pferde und Schlangen. In vielen Kulturen haben Vögel eine magische Bedeutung als Mittler zwischen Göttern und Menschen. Aus dem Vogelflug wurde in der Antike die Zukunft vorhergesagt und in Sagen verwandeln sich Götter in Vögel. Es bestand möglicherweise auch die Vorstellung, dass die Seelen der Verstorbenen Vogelgestalt annehmen, um ins Jenseits zu gelangen. Die Darstellungen kämpfender Tiere könnten Opferrituale zeigen. Pferde galten in Nord- und Mitteleuropa als heilige Tiere. Hengstkämpfe waren üblich. Manche Historiker meinen, dass die sich

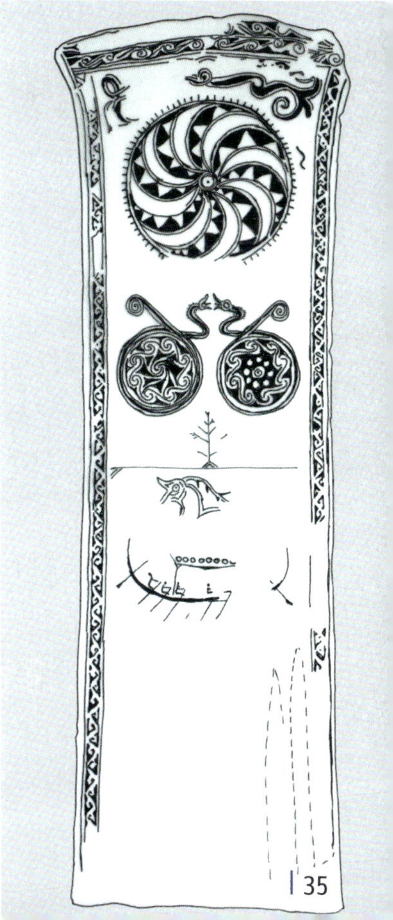

Großer Bildstein von Sanda mit Wirbelrad, stilisierten Schlangen und Ruderboot (Zeichnung), 5./6. Jahrhundert. Der Bildstein befindet sich in Gotlands Museum, Visby.

Detail des Bildsteins von Sanda (S. 35 unten), Ruderboot mit mehreren Ruderern

Bildstein von Väskinde mit Wirbelrad, geometrischen Motiven und stilisierten Tierfiguren (Zeichnung), 5./6. Jahrhundert. Der Bildstein wird in Gotlands Museum, Visby, ausgestellt.

gegenüberstehenden Tiergestalten Fruchtbarkeitszauber oder den Kampf des Guten gegen das Böse darstellen.

Schwierig zu deuten sind die vielen Zeichen und Symbole auf den Bildsteinen, darunter Knotenmuster, Räder oder Triskelen. Es gibt verschlungene Muster, die nirgends beginnen und nirgends enden, scheinbar unendlich ineinander übergehen. Möglicherweise waren es magische Zeichen, die einen Schutzzauber bewirken sollten.

Ab dem 8. Jahrhundert änderte sich offenbar die Funktion der Steine. Sie wurden größer und nun nicht nur an Begräbnisstätten, sondern auch als Gedenksteine an auffälligen Orten aufgestellt, damit sie für jedermann sichtbar waren. Die meisten Steine haben nun einen Umriss in Pilzgestalt. Die Motive werden im 8. bis 10. Jahrhundert reicher: Menschen, Götter, Kampfhandlungen, Schiffe, Wagen, Häuser, Pferde, Werkzeuge und Waffen werden dargestellt und bieten den Archäologen einen Einblick in die damalige Lebens- und Vorstellungswelt.

Die Figuren lassen sogar Rückschlüsse auf die Kleidung, die Haar- und Barttracht, die Häuser und Haustiere zu.

Ein geheimnisvoller kleiner Bildstein aus dem 5./6. Jahrhundert (Zeichnung) zeigt eine Frauengestalt mit kunstvoller Frisur, die von Drachen oder Schlangen eingerahmt wird. Über der Frau befindet sich eine Triskele (geometrische Figur aus drei radialsymmetrischen Elementen) mit Tierköpfen. Vielleicht stellt diese Frau Vitstjärna dar, eine Figur aus der Guta-Sage, deren drei Söhne Gotland unter sich aufteilten. Der Bildstein befindet sich in Gotlands Museum, Visby.

Auf diesen Steinen erkennt man häufig Motive aus dem nordischen Sagenkreis, wie sie in der „Edda" überliefert sind: die Götter Odin und Thor, das achtbeinige Ross Sleipnir, Walküren, die gefallene Kämpfer mit einem Horn Met im Jenseits empfangen, Sigurd den Drachentöter oder Wieland den Schmied. In vielen Fällen sind die Bildsteine grafisch in verschiedene Felder eingeteilt, wie eine Bildergeschichte. Vielleicht soll dies die verschiedenen Ebenen im Diesseits und Jenseits symbolisieren.

Ein besonderer großer Bildstein aus Hammars nahe Lärbro wird heute im Freilichtmuseum von Bunge ausgestellt. In seinem dritten Bildfeld finden sich zwei außergewöhnlich grausame Szenen: Ein Krieger wurde in einen heruntergebogenen Baum gehängt, der ihn zerreißen wird, wenn man den Baum freigibt; einem anderen Mann wird vermutlich gerade das Herz herausgeschnitten. Es ist unklar, ob es sich hierbei um die Darstellung von Menschenopfern handelt, wie sie möglicherweise in heidnischen Zeiten auf Gotland stattfanden. Die Darstellungen stehen vermutlich in einem Zusammenhang mit Odin (Wotan), der einerseits der Gott der Weisheit, andererseits aber auch eine Art Totengott war. Odin hängte sich der Sage nach neun Tage an seinem Speer in die Weltesche Yggdrasil, um Erkenntnis zu erlangen. Ihm wurden Menschen geopfert, indem man sie in heilige Bäume hängte. Die drei verschlungenen Dreiecke über den Figuren auf dem Bildstein werden auch „Valknut" oder „Wotansknoten" genannt. Vielleicht stellen die verstörenden Bilder auch nordische Sagengestalten dar, etwa aus der Völsungen-Saga, in der dem Helden Hogni das Herz herausgeschnitten wird.

Deutlich kleinere Bildsteine („Zwergsteine") entstanden durchgängig vom 5. bis 12. Jahrhundert, besonders aber im 6. Jahrhundert. Auf ihnen sind die Darstellungen

Bildstein von Hammars mit Schiffen, bewaffneten Kriegern und Pferdemotiven. Im dritten Bildfeld von oben befinden sich zwei Opferszenen. 8. Jahrhundert, Bunge Museum

oft kleiner und einfacher. Im 11. und 12. Jahrhundert schließlich erzählen die Steine auch Geschichten: Die Runenschrift hielt Einzug auf den gotländischen Bildsteinen. Fachleute können die Inschriften auf diesen Steinen lesen. Die Verwendung verschlungener Drachen- oder Schlangenmotive in Kombination mit Runen war nun weit verbreitet, nicht nur auf der Insel, sondern auch auf dem schwedischen Festland. Es gibt Parallelen zu den Ornamenten der norwegischen Stabkirchen. Einige Darstellungen wurden durch britische und irische Einflüsse bereichert. Das Kreuz taucht schließlich auf den Bildsteinen auf, ein Hinweis auf die Christianisierung Gotlands, die ungefähr vom 9. bis 11. Jahrhundert stattfand.

Boote auf gotländischen Bildsteinen

Ein besonders häufiges Motiv der Bildsteine Gotlands sind Boote. Auf den älteren Steinen werden Ruderboote dargestellt, die beinahe an ägyptische Nilbarken erinnern. Man muss sich diese Boote wohl so vorstellen wie das in Südjütland gefundene, segellose Nydam-Boot (heute im Landesmuseum Schloss Gottorf in Schleswig), in dem viele Ruderer Platz hatten. Auf späteren Steinen tauchen Boote mit Segeln auf – zunächst stark stilisiert beziehungsweise vereinfacht, dann aber mit vielen Einzelheiten wie dem Segel,

Der Bildstein von Hunninge (Zeichnung) zeigt unter anderem ein Schiff mit bewaffneten Kriegern, einen Reiter und drei Frauengestalten mit Methörnern. In der Mitte links liegt eine Gestalt in einer Art Schlangengrube. Der Stein aus dem 8. Jahrhundert wird in Gotlands Museum in Visby ausgestellt.

der Takelage, den Schilden an der Bordwand oder dem Drachenkopf am Bug. Aus diesen Abbildungen haben Archäologen wichtige Erkenntnisse über die Bauweise der Boote und insbesondere über ihre Besegelung und Takelung gewonnen.

Boote und Schiffe hatten eine zentrale Bedeutung im Alltagsleben der Handel treibenden Gotländer; auf den Bildsteinen aber scheinen sie symbolisch dazu zu dienen, die Verstorbenen ins Jenseits zu bringen.

Erlebnistipp:

Bildsteine in Gotlands Museum und in der gotländischen Landschaft

Unbedingt sehenswert sind die Bildsteine, die in einem speziellen Saal in Gotlands Museum in Visby ausgestellt werden. Die Bildsteine werden dort mit einer besonderen Beleuchtung präsentiert; sie sind so schön und gleichzeitig so geheimnisvoll, dass einem Schauer über den Rücken laufen. Zu den Steinen gibt es auf Infotafeln Informationen zu den Fundorten, den oft abenteuerlichen Fundgegebenheiten und Deutungen des Inhalts. Weitere Steine stehen im Freilichtmuseum in Bunge oder vereinzelt in der gotländischen Landschaft, zum Beispiel beim Hof Änge bei Buttle oder auf dem Gräberfeld von Gålrum. Die noch am Ursprungsort befindlichen Steine sind jedoch meist so stark verwittert, dass die Ritzungen verschwunden sind.

Dieser Bildstein aus dem 5./6. Jahrhundert wurde von späteren Generationen wiederverwendet: Man baute ihn quer in die Außenwand der Kirche von Bro ein.

Verwitterte Bildsteine beim Hof Änge nahe Buttle. Sie stehen vermutlich noch dort, wo man sie ursprünglich aufstellte.

6. ... bis nach Russland und Byzanz: Geschäftstüchtige Wikinger

Die als Wikinger bezeichneten, kriegerischen Skandinavier befuhren etwa von 793 bis 1066 nach Christus mit ihren wendigen Booten die Meere und kamen in die Länder West-, Mittel-, Süd- und Osteuropas, wo sie raubten und mordeten - oder aber friedlich Handel trieben. Ihre Reisen führten sie unter anderem bis ins Mittelmeer, nach England, Irland und Island, in die Niederlande, nach Frankreich und Spanien, in das Baltikum, nach Russland und in das Oströmische Reich. Auch die Gotländer beteiligten sich an diesen Zügen. Viele ihrer Reisen führten nach Osten; man nennt diese überwiegend schwedischen und gotländischen Wikinger auch „Waräger".

Über die großen Ströme und Seen Osteuropas, die Düna und die Newa, den Ladogasee, den Wolchow, den Ilmensee und den Dnjepr, fuhren Gotländer nach Nowgorod („Holmgård") und Kiew („Könugård"), zum Schwarzen Meer und nach Byzanz (Konstantinopel, „Miklagård"). Eine andere Route führte über die Wolga nach Itil (auch Atil genannt, nahe dem heutigen Astrachan) am Kaspischen Meer. Im Süden kamen die Gotländer in Kontakt mit der Kultur des Oströmischen Reichs. Sie lernten hier auch die kostbaren Waren kennen, die Karawanen über die Seidenstraße aus dem Fernen Osten brachten, darunter Seide, Schmuck und exotische Gewürze.

Ob die gotländischen Wikinger in der Mehrzahl friedliebende Händler oder aber mordlüsterne Räuber und Berserker waren, ist nicht bekannt; höchstwahrscheinlich hatten sie aber in der Regel ein großes Interesse daran, gute Beziehungen zu ihren Handelspartnern aufzubauen und sich ihre traditionellen Handelswege dauerhaft auf einigermaßen friedliche Weise zu sichern. Andererseits waren eine gewisse Härte, Kampfbereitschaft und Skrupellosigkeit bei den gefährlichen Reisen durchaus von Vorteil. Dies gilt ebenso für die zukünftigen Nachfolger der Wikinger, die Kaufleute der Hanse (s. S. 58 ff.). Für die gotländischen Seefahrer der Wikingerzeit waren die Reisen nach Südosten mit hohen Risiken verbunden. An einigen Stellen waren die russischen Ströme durch Stromschnellen oder Wasserfälle nicht passierbar. Hier mussten die Schiffe gewisse Strecken möglicherweise an Seilen bugsiert oder auch über Land gezogen werden. Eine besonders berüchtigte Stromschnelle befand sich im Unterlauf des Dnjepr südlich von Dnjepropetrowsk. Sie wurde von den Wikingern Aifur genannt. Das Wort kommt ursprünglich aus dem Griechischen und bedeutet ungefähr „die immer Rasende" oder „die immer Gefährliche". Auch waren die Bewohner dieser Landstriche nicht immer friedlich gesonnen, sodass manch ein Gotländer in kriegerischen Auseinandersetzungen zu Tode kam.

Durch Münzfunde ist belegt, wie weit Reisen und Handelsbeziehungen der Gotländer in der Wikingerzeit reichten: zu den Britischen Inseln, nach Mitteleuropa in das deutsch-fränkische Reich, nach Byzanz und in das Kalifat von Bagdad. Viele

Handelsrouten der Wikinger

Gotländer wurden in der Wikingerzeit wohlhabend oder sogar reich, etwa durch Handel, vielleicht auch durch Dienste als Söldner oder Leibwache beim oströmischen Kaiser, durch Raubzüge, Sklavenhandel oder möglicherweise auch durch das Danegeld. Das Danegeld war eine Art Lösegeld, das der angelsächsische König den Nordmännern bezahlen musste, damit sie sein Reich in England in Frieden ließen. Aus dieser Quelle, ob nun direkt oder über Umwege, stammt ein Teil der englischen Münzfunde auf Gotland.

Wichtige wikingerzeitliche Handelsorte westlich von Gotland waren beispielsweise Birka am Mälarsee im heutigen Schweden, Hedeby (Haithabu) bei Schleswig im heutigen Schleswig-Holstein, Kaupang im äußeren Oslofjord oder Dorestad in den heutigen Niederlanden. Um das Risiko auf ihren Seereisen zu minimieren, fuhren die Gotländer meist in Verbänden aus mehreren Booten. Die geeignete Reisezeit war April bis September. Man traf sich in bestimmten Häfen, beispielsweise in Visby, Paviken bei Västergarn, Klintehamn oder Burgsvik. Zu den einheimischen Handelswaren, mit denen die Gotländer loszogen, zählten etwa Wolle, Häute, Teer, Kalkstein und Kalk.

Handelswaren der Wikingerzeit aus West- und Südeuropa waren beispielsweise Wein und Salz, von den Britischen Inseln kamen Zinn, Wolle und Getreide, aus den Niederlanden und Flandern Tuche und Kleidung, aus Deutschland Salz, Waffen, Keramik und Glas, aus Schweden Eisen und Kupfer, aus Russland Pelze, Honig und Wachs. Luxuswaren wie Edelmetall, Edelsteine, Glas, Schmuck, Seide und kostbare Waffen, die man unter anderem in den Ländern am Schwarzen und Kaspischen Meer erwarb, waren überall heiß begehrt.

Eine verhängnisvolle Reise

Zu den bemerkenswertesten Runensteinen, die man bisher in Skandinavien fand, zählt der Pilgårds-Stein (heute in Gotlands Museum). Er stammt vom Hof Pilgårds bei Boge. In dessen Nähe befand sich ein wikingerzeitlicher Hafen. Der Stein ist kein Bildstein, sondern vollständig mit eingeritzten Runen bedeckt. Er stammt aus dem ausgehenden 10. Jahrhundert. Der Text lautet[1]:

„Leuchtend bemalt wurde dieser Stein aufgestellt
Durch ?seinen Bruder Hegbjarn/?seine Brüder Hegbjarn
Rodvisl, Austain und Emund.
Sie stellten Steine auf zur Erinnerung an Ravn
Südlich von ?Ru(f)stain. Sie fuhren weit durch den Aifur. Vivil ?führte den Befehl/?gab den Auftrag.“[2]

1 Anmerkung: übersetzt unter anderem nach der Infotafel in Gotlands Museum sowie Öhrman (2017), S. 74.
2 Anmerkung: Fragezeichen und Klammern kennzeichnen Stellen, deren Deutung unsicher ist.

Aus dem Runentext lässt sich Folgendes ableiten: Einige Männer von Gotland fuhren den russischen Strom Dnjepr herab. Sie wollten vermutlich auf dem Weg über die Flüsse das Oströmische Reich erreichen. Auf der Reise kam ein gewisser Ravn zu Tode. Vielleicht waren Hegbjarn, Rodvisl, Austain und Emund seine Brüder, vielleicht war nur Hegbjarn der Bruder Ravns, und die anderen Männer waren seine Schiffsgefährten. Möglicherweise ertrank Ravn an der berüchtigten und gefährlichen Stromschnelle namens Aifur. Aifur war einer von mehreren (vermutlich insgesamt neun) gefährlichen Wasserfällen und Stromschnellen des Dnjepr. Seine Brüder/Gefährten stellten südlich eines Ortes, der Rufstain hieß, zum Gedenken an den Toten Steine auf. Als sie wieder nach Gotland zurückgekommen waren, ließen sie außerdem diesen Runenstein ritzen, bunt bemalen und aufstellen. Ein gewisser Vivil war vielleicht der Befehlshaber auf dem Schiff, oder er gab möglicherweise den Auftrag für die Anfertigung des Pilgårds-Steins.

Durch die Entzifferung und Deutung der verschiedenen Runensteine Gotlands erfahren wir heute etwas über die Reisen und Handelsrouten der frühen Gotländer. Die Namen der Verstorbenen und ihrer Verwandten werden überliefert und die der Leute, die die Steine ritzten und die Runen schrieben. Auf einigen Steinen befinden sich Gebete für die Toten.

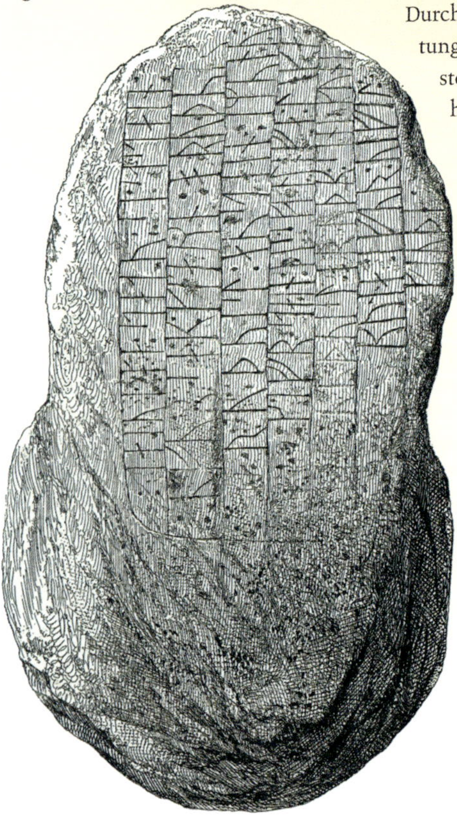

Der Pilgårds-Stein (10. Jahrhundert) ist mit Runen beschrieben, die von einer gefährlichen Reise über die russischen Ströme berichten. Der Runenstein wird in Gotlands Museum in Visby ausgestellt. Abb.: Wikipedia/ George Stephens, Kongl. Vit. Historie och Antiqvitets Akademiens Månadsblad (1878, S. 593, Abb. 5)

Die Inschriften des Pilgårds-Steins und anderer Runensteine inspirierten im 20. und 21. Jahrhundert mehrere Forschungsreisen und Expeditionen. Der schwedische Archäologe Ture Arne versuchte schon 1913, den Aifur, Rufstain, Ravns Grab und die aufgestellten Steine zu finden. Die Fotos von seiner Expedition sind heute von unschätzbarem Wert. Ab 1983 gab es mehrere Unternehmungen, die die Reise der Wikinger auf den Flusssystemen Osteuropas mit originalgetreu nachgebauten Booten nachvollzogen. „Rufstain" wird von einigen Wissenschaftlern mit „gerissener" oder „gespaltener Stein" übersetzt. Andere vermuten, es könne ein Stein oder Felsen mit einem Loch oder einer Grube gemeint sein. Auf Arnes Fotos ist eine solche Felsoberfläche mit einem sogenannten Strudeltopf[1] abgebildet. Von den Wasserfällen und Stromschnellen berichten auch antike Schriften des byzantinischen Kaisers Konstantin VII. aus dem 10. Jahrhundert, mit deren Hilfe es gelang, sie zu lokalisieren. Die Stelle südlich des heutigen Dnjepropetrowsk, an der einst der Aifur brauste, ist leider schon lange nicht mehr zugänglich. In den 1930er Jahren wurde ein Staudamm errichtet, sodass das Gebiet seit vielen Jahrzehnten unter Wasser liegt.

---

1 Anmerkung: Strudeltöpfe (auch Strudelloch oder Erosionskessel genannt) sind trichter- bis kesselförmige Aushöhlungen im Gestein, die durch fließendes Wasser hervorgerufen werden, meist kombiniert mit der Scheuerwirkung mitgeführter Gesteinsbruchstücke.

7. Kreuze und Kirchen: Gotland wird christlich

Wie die Guta-Sage berichtet, waren die Gotländer Heiden, bevor sie den christlichen Glauben annahmen, nämlich Anhänger der alten nordischen Götter wie Odin, Thor, Tyr und Freya. In heidnischen Zeiten war es üblich, den Göttern Vieh, Lebensmittel und Getränke zu opfern. Sogar Menschenopfer kamen regelmäßig vor. Diese geschahen in heiligen Hainen oder in Opfermooren. Auf ihren Handelsreisen kamen die Gotländer jedoch in Kontakt mit anderen Religionen, auch mit dem Christentum.

Da die Raubzüge der Wikinger das schon christlich gewordene Mittel- und Westeuropa in Angst und Schrecken versetzten, machten sich christliche Missionare auf den Weg nach Norden, um sie zu bekehren. Der deutsche Benediktinermönch und spätere Bischof Ansgar (der „Apostel des Nordens") etwa kam 829 nach Birka am Mälarsee und erhielt vom Svear-König die Erlaubnis zu predigen. Ansgar hatte jedoch wenig Erfolg. Als er (vermutlich 853 oder 854) wieder nach Birka reiste, existierte die kleine christliche Gemeinde nicht mehr, die er gegründet hatte. Er musste mit der Christianisierung von vorn anfangen. Weitere Missionare folgten, vorwiegend aus England und den deutschen Ländern.

Der Guta-Sage zufolge brachte schließlich der Heilige Olaf, ein norwegischer Exilkönig, das Christentum nach Gotland, möglicherweise im Jahr 1029. Ein gewisser

Altes Lagerhaus auf der Halbinsel S:t (=Sankt) Olofsholm. In dieses Gebäude integriert finden sich Reste einer mittelalterlichen Kapelle, die dem Heiligen Olaf geweiht war.

Ormika, der in Hejnum lebte, beherbergte Olaf und ließ sich als einer der ersten Gotländer taufen. Anders als die Sage behauptet, nahm die Christianisierung aber vermutlich einen längeren Zeitraum in Anspruch, ungefähr von 800 bis 1100 nach Christus.

Die ersten Kirchen auf Gotland wurden aus Holz erbaut. Einige ähnelten wohl norwegischen Stabkirchen. Von ihnen blieb nur wenig erhalten, meist die Fundamente oder einzelne geschnitzte Holzbalken, die später anderweitig verwendet oder aus Pietät aufbewahrt wurden. 1896 entdeckte man Teile einer Stabkirche bei Restaurierungsarbeiten in der Kirche von Hemse. Eine Rekonstruktion einer Holzkirche mit geschnitzten Planken findet sich in Gotlands Museum in Visby. Eine der frühen hölzernen Kirchen entstand nahe Gamla Hamn an der Westküste von Fårö: S:t Äulas (Sankt Olaf). Ihre steinernen Fundamente liegen in einem kleinen Kiefernwäldchen oberhalb des Strandes.

Der Guta-Sage nach verlief die Christianisierung auf Gotland nicht konfliktfrei. Ein Mann namens Botair soll in Kulstäde die erste Kirche errichtet haben, die jedoch von der heidnischen Bevölkerung niedergebrannt wurde (daher der Name des Ortes, „kul" = Kohle). Auch eine zweite Kirche, die Botair in Vi (möglicherweise dem heutigen Visby) erbaute, wollten seine Gegner abbrennen. Botair hatte jedoch mächtige Verwandte, die ihn unterstützten, besonders sein Schwiegervater Likair der Weise. Wie die Guta-Sage weiter berichtet, stieg Botair selbst auf seine Kirche und erklärte, dass jeder, der seine Kirche anzünden wolle, auch ihn verbrennen müsse. Und so blieb die Kirche stehen, da sich niemand traute, Streit mit Botair und seiner einflussreichen Verwandtschaft zu bekommen.

So könnten die frühen gotländischen Kirchen ausgesehen haben: Rekonstruktion eines Teils der ursprünglichen hölzernen Kirche von Hemse.
Foto: Statens Historiska Museum, Stockholm

Auf Gotland gibt es außerhalb von Visby über 90 aus Stein erbaute mittelalterliche Landkirchen. Diese ungewöhnlich hohe Zahl zeugt vom einstigen enormen Reichtum der Bauern, Händler und Seefahrer der Insel. Die Kirchen haben

Kirche von Öja, Südgotland. Wie viele andere Kirchen auf Gotland wurde sie im Mittelalter mehrfach erweitert und umgebaut.

ihren Ursprung überwiegend im 12. bis 14. Jahrhundert und wurden später zum Teil umgebaut oder erweitert, in jüngerer Zeit natürlich auch restauriert. Einige besitzen in kunstvoller Steinmetzarbeit gestaltete Eingangsportale, andere interessante mittelalterliche Wandmalereien, farbige Glasfenster, Skulpturen oder schöne Taufsteine. Alle sind sehenswert.

Von circa 1150 bis 1250 entstanden Kirchen im romanischen Stil („Rundbogen-Stil"). Sie waren jetzt aus Stein und ersetzten die älteren Holzkirchen. Von circa 1250 bis 1400 wurde im gotischen Stil („Spitzbogen-Stil") gebaut, wobei die ursprünglich vorhandenen romanischen Kirchen in Teilen abgerissen, umgebaut oder erweitert wurden. So findet sich in vielen Kirchen ein „gemischter" Stil aus romanischen und gotischen Elementen.

Durch den regen Handel und den Reichtum der Gotländer wurden auch Baumeister, Bildhauer, Steinmetze und Glasmaler aus anderen Ländern nach Gotland gelockt. Deshalb zeigen Architektur und Interieur vieler Kirchen Anklänge an mitteleuropäische und sogar russisch-byzantinische Kunsttraditionen.

Einige der gotländischen Kirchen weisen eine Besonderheit auf: Sie besitzen einen freistehenden Wehrturm (Kastal) aus Stein - ein Hinweis auf unfriedliche Zeiten. Der Wehrturm steht in unmittelbarer Nähe neben der Kirche. Hierhin konnten sich die Menschen des Kirch-

Das gotische Südportal der Kirche von Bunge ist reich verziert.

Die Figuren am Südportal der Kirche von Gammelgarn erzählen die Geschichte von Adam und Eva (links) sowie von Kain und Abel (rechts).

Tierrelief in der Außenwand der Kirche von Bro. Es stammte ursprünglich aus dem romanischen Vorgänger dieser Kirche, wurde „recycelt“ und in die Mauer des neuen Kirchenteils eingemauert.

spiels bei Angriffen flüchten oder hier wertvolle Waren lagern. Möglicherweise nutzte man die Kastale auch als Wachtürme oder um Signale zu geben und die Bevölkerung vor Feinden zu warnen. Bei den Kirchen von Gammelgarn, Sundre und Lärbro sind die Wehrtürme noch erhalten, bei einigen anderen Kirchen finden sich ihre Ruinen oder Fundamentreste. Meist in der direkten Nachbarschaft der Kirchen liegt auch der Pfarrhof (schwedisch „prästgård“).

Im 12. und 13. Jahrhundert wurden auf Gotland vier Klöster gegründet. Das erste entstand 1164 in Roma im zentralen Teil der Insel und war ein Zisterzienserkloster. Heute sind noch Reste der Klosterkirche erhalten. Die malerischen Ruinen bilden nun die Kulisse für sommerliche Theateraufführungen, bei denen unter anderem Stücke von Shakespeare gezeigt werden. Um 1230 siedelten sich Dominikaner in Visby an und schließlich 1233 die Franziskaner. Vermutlich um 1246 entstand in Solberga außerhalb der Stadtmauer von Visby auch ein Zisterzienserinnenkloster. Die Klöster und die Klosterkirchen von Visby wurden bei den kriegerischen Auseinandersetzungen von 1525 (s. S. 75) stark in Mitleidenschaft gezogen. Im Zuge der Reformation in den 1530er Jahren wurde das, was von den Klöstern noch übrig war, aufgelöst und ging in das Eigentum der dänischen Krone über. Einige Kirchen, etwa in Elinghem, Gann oder Bara, verfielen, weil manche Kirchspiele mit anderen zusammengelegt wurden oder schlicht nicht mehr genug Mittel für ihren Unterhalt oder notwendige Reparaturen vorhanden waren. Für die lutherischen Gottesdienste wurden während und nach der Reformation Kanzeln in die Kirchen eingebaut. Das

Kirche von Gammelgarn mit gut erhaltenem Wehrturm (Kastal)

Ruine des Wehrturms der Kirche von Fröjel. Kirche und Wehrturm liegen auf einer Anhöhe, die früher gut verteidigt werden konnte.

Vor der Kulisse der Ruinen der Klosterkirche von Roma werden heute Theaterstücke aufgeführt.

Wandmalerei aus dem 14. Jahrhundert in der Kirche von Vamlingbo: Der Heilige Christophorus trägt das Jesuskind.

In vielen Kirchen Gotlands werden Decken und Wände von floralen Kalkmalereien geziert. Die matten, wie ausgeblichen wirkenden Farben haben eine ganz eigene zurückhaltende Schönheit.

Deckenmalerei mit floralen Motiven in der Kirche von Vamlingbo.

Wandmalerei in der Kirche von Öja: Der Heilige Georg kämpft mit dem Drachen.

Das steinerne Relief in der Südfassade der Kirche von Vamlingbo stammt vermutlich aus dem 12. Jahrhundert und stellt Christus und die Apostel dar.

Viele Kirchhöfe auf Gotland haben alte, schön gestaltete Tore, wie hier in Vamlingbo.

Kloster von Roma und dessen Ländereien wurden Krongut und Landsitz des vom protestantischen dänischen König eingesetzten Lehnsherrn. Ab dem 18. Jahrhundert beherbergte das Krongut Roma den schwedischen „landshövding" (Regierungspräsidenten).

Ab der Mitte des 14. Jahrhunderts nahm der Kirchenbau auf Gotland ein jähes Ende. Dies hatte verschiedene Ursachen: Ungefähr um diese Zeit kam die Pest nach Gotland, die die Zahl der Einwohner drastisch verminderte. Auch war die wirtschaftliche Blütezeit Gotlands zu Ende gegangen, denn die Handelsströme änderten ihren Lauf. Gotland erhielt Konkurrenz durch andere Handelszentren und Hansestädte, vor allem durch Lübeck. Und seit 1361 befand sich Gotland nach der Eroberung durch König Valdemar Atterdag unter dänischer Herrschaft. In den folgenden Jahrhunderten war die Ostseeinsel der Schauplatz vieler kriegerischer Auseinandersetzungen, die den Handel und die Wirtschaft schädigten und den Kirchenbau zur Nebensache werden ließen.

Erlebnistipp:

Gotlands Kirchen

Die Kirchen Gotlands sind einmalige (kunst-)historische Zeugnisse und werden engagiert und liebevoll in Stand gehalten. Sie sind es unbedingt wert, dass man sie anschaut. Wenn man über Land fährt, sind ihre hoch aufragenden Türme nicht zu übersehen. Im Sommer sind sie tagsüber in der Regel nicht verschlossen und man kann sie meist ohne weiteres betreten und besichtigen. Bei Gottesdiensten oder Feiern sollte man jedoch nicht stören und sich auch sonst angemessen ruhig verhalten.

Adlerrelief an der Kirche von Tingstäde

Kunstvolle Steinmetzarbeiten finden sich an allen mittelalterlichen Kirchen Gotlands.

Schmiedeeiserner Türgriff mit Drachen- oder Schlangenköpfen an der Kirche von Ardre

Vielfach werden in den Kirchen gegen eine kleine Geldspende Informationsblätter angeboten, die über die Besonderheit der jeweiligen Kirche informieren. Viele Kirchen sind sowohl architektonisch als auch von ihrer Innenausstattung her außergewöhnlich interessant. Sie bieten Wandmalereien, prächtige Kalksteinportale mit filigraner Steinmetzarbeit, in die Mauer eingelassene Bildsteine oder Tierreliefs, besondere Taufsteine und so weiter. Es ist zudem immer ein besonderes Erlebnis, wenn man an einem strahlenden Sommertag in die dämmrige Stille der Kirchen tritt.

Die Ruinen von Elinghems Ödekyrka liegen malerisch im Grünen.

Neben den Kirchenruinen, die man in der Innenstadt von Visby findet, gibt es auch auf dem Land einige verfallene mittelalterliche Kirchen (schwedisch „ödekyrka"). Ein Beispiel ist Elinghem Ödekyrka an der Straße von Tingstäde nach Ire: Die halb verfallenen Kalksteinmauern, die Fensterbögen und Giebel, umgeben von einem lichten Gehölz, sind sehr sehenswert.

8. Stolze Bürger und Händlerbauern: Die Hansezeit und der Aufstieg Visbys zum Knotenpunkt des Ostseehandels

Nähert man sich heute der Stadt Visby, sieht man an den Ortseingängen große Schilder mit der stolzen Aufschrift: „Hansestaden Visby". Die kleine Stadt war einst wichtigster Handelsknotenpunkt der Ostsee und eine der bedeutendsten frühen Hansestädte. Dabei hatte Gotland selbst eigentlich keine herausragend attraktiven Waren zu bieten. Man handelte etwa mit Butter, Wolle, Häuten, Kalkstein, Teer, Taufsteinen und Holzprodukten. Was Gotland und Visby so bedeutsam machte, war der Transithandel zwischen Ost und West.

In der Wikingerzeit war Vi, das spätere Visby, ein wichtiger Versammlungsplatz für die Händlerbauern, die mit ihren Booten ausfuhren, um in weit entfernten Gegenden Handel zu treiben. Um den Hafen herum entstanden nach und nach die ersten Gebäude, von denen viele zunächst nur saisonal, dann jedoch ständig bewohnt wurden.

Die Hanse

Die Hanse entwickelte sich im Mittelalter zunächst als eine freiwillige Vereinigung von vor allem niederdeutschen Kaufleuten, die Fernhandel im Nord- und Ostseegebiet betrieben. Gemeinsam war man stärker und sicherer auf den langen, gefährlichen Handelsfahrten als allein. Gleichzeitig konnte man an den Zielorten im Hinblick auf Preise und Zölle bessere Bedingungen aushandeln (Handelsprivilegien, Schutz durch die Stadt oder den Landesherrn, eigene Niederlassungen). Durch die Lieferung großer Warenmengen, aber auch durch den Einkauf von Waren in großem Umfang wurden die hansischen Kaufleute nach und nach zu einem mächtigen Wirtschaftsfaktor. Nachdem die Gotländer die Handelsrouten in den Osten erschlossen hatten, folgten ihnen die niederdeutschen Kaufleute nach.

Aus der sogenannten „Kaufmannshanse" entstand ungefähr ab der Mitte des 13. Jahrhunderts die „Städtehanse". Die Stadträte der aufkommenden Städte wurden in der Regel von mächtigen und reichen Familien dominiert; und das waren meistens die Kaufleute. Sie sorgten dafür, dass die Ressourcen der Städte dafür verwendet wurden, ihren Handel zu unterstützen, indem Häfen gebaut und instandgehalten oder Verkehrswege gesichert wurden. Sogar ein frühes Banken- und Kreditwesen entstand: Man verwendete Schuldscheine und Wechsel.

Zwischen 1350 und 1400 war die Hanse eine nordeuropäische Großmacht. Ihr Einflussbereich umfasste die gesamte Ostsee und große Teile der Nordsee bis hinauf nach Norwegen. Insgesamt zählten etwa 200 Städte zur Hanse (allerdings in unterschiedlichen Zeiträumen), weitere waren lose assoziiert. Auch viele deutsche Städte tief im Binnenland, wie Köln oder Soest, gehörten zum Hansebund. Der Deutsche Orden war eine Art Schutzmacht für die Hanse, durchaus im eigenen Interesse, denn viele Städte im Ordensgebiet waren Hansestädte, beispielsweise Danzig oder Königsberg. In Städten wie London, Bergen, Brügge (später Antwerpen) und Nowgorod unterhielt die Hanse eigene Kontore.

Die durch bürgerliche Kaufleute dominierte Gesellschaftsstruktur der Städte stand in einem starken Gegensatz zu dem in Europa vorherrschenden Feudalsystem. Einerseits waren die Kaufleute für die adeligen Machthaber unentbehrlich, andererseits war der wirtschaftlich äußerst einflussreiche Hansebund vielen Fürsten ein Dorn im Auge. Besonders Dänemark versuchte oft, den Einfluss der Hanse zu mindern. Mehrmals im Verlauf ihrer Geschichte griffen die Hanse beziehungsweise bestimmte Verbünde aus Hansestädten in bewaffnete Konflikte ein und führten auch selber Kriege. Schiffe wurden gechartert oder umgerüstet, um Handelsfahrzeuge zu schützen oder Seeschlachten zu schlagen, bewaffnete Söldner wurden angeworben, um Warentransporte zu sichern oder gegen feindliche Heere zu kämpfen. Die Hanse war in der Lage, äußere Feinde zu bekämpfen und zu besiegen, wie zum Beispiel die Vitalienbrüder. Diese berüchtigten Piraten kaperten Handelsschiffe und überfielen Städte. 1401 wurden die legendären Seeräuberhäuptlinge Gödeke Michels und Klaus Störtebeker gefangen genommen und in Hamburg zusammen mit ihren Gefolgsleuten hingerichtet.

Die Blütezeit Visbys währte ungefähr von 1060 bis 1319. Die Visbyer Kaufleute hatten im gesamten Ostseeraum stabile Handelsbeziehungen aufgebaut. Der Handel zahlte sich aus. Stattliche steinerne Wohn- und Lagerhäuser, Kirchen und Gildehäuser wurden errichtet, Zeichen des wirtschaftlichen Erfolgs. Dänen, Deutsche und Russen siedelten sich an. Lag das Siedlungsgebiet anfangs nur im Bereich des Hafens und des Wassers, expandierte die Stadt später in den Kliffabhang. Um 1250 hatte Visby circa 7.000 Einwohner, eine für damalige Verhältnisse sehr hohe Bevölkerungszahl.

Zu einem wichtigen Handelspartner der Hansestadt Visby entwickelte sich Lübeck. Es hatte 1160 von Heinrich dem Löwen, dem Herzog von Sachsen, das Stadtprivileg erhalten. Nach gewaltsamen Auseinandersetzungen zwischen deutschen und gotländischen Kaufleuten gab Heinrich 1161 den Gotländern das verbriefte Recht auf sicheren und zollfreien Handel im Herzogtum Sachsen und damit auch in Lübeck (Artlenburger Privileg). Die Lübecker Kaufleute erhielten die gleichen Rechte in Visby. Viele deutschstämmige und Lübecker Kaufleute ließen sich ab circa 1180 in Visby nieder. Bald bildeten die deutschstämmigen Bürger auch eine mächtige Fraktion im Rat der Stadt. Der wachsende Reichtum führte dazu, dass große Warenlager untergebracht werden mussten: Geräumige Packhäuser mit mehreren Stockwerken entstanden vor allem nahe des Wassers und Visby wurde ab dem 13. Jahrhundert mit einer schützenden Stadtmauer umgeben. Diese war ein Zeichen der Macht und der Unabhängigkeit der Stadt. Sie diente aber nicht nur zum Schutz vor äußeren Feinden. Denn zwischen den Einwohnern Visbys und der Landbevölkerung Gotlands war eine scharfe Konkurrenz entstanden. Die kapitalkräftigeren, in der Hanse organisierten Kaufleute der Stadt hatten den Großteil der Handelstätigkeit an sich gerissen und die Händlerbauern auf dem Land zurückgedrängt. Zölle und Abgaben wurden erhoben, wenn die Landbevölkerung Waren in die Stadt bringen wollte. Eine Rolle mag auch der hohe Anteil an deutschstämmigen Einwohnern in Visby gespielt haben. Hass und Argwohn entstanden zwischen Land und Stadt. Es kam 1288 zu einem Bürgerkrieg. Einige mächtige Bauern schlossen sich zusammen. Mit einer Streitmacht, unterstützt durch Verbündete aus Estland und Livland, griffen sie Visby an. Die Stadtbewohner wehrten sich. In zwei Schlachten, bei Högbro und bei Roma, wurde das Bauernheer besiegt.

Der schwedische König Magnus Ladulås hatte ein großes Interesse daran, das reiche Gotland an Schweden zu binden. Er fürchtete, dass Visby sich stärker an die deutschen Hansestädte anschließen könnte, und wurde zum Vermittler in diesem Bürgerkrieg. Vertreter der Stadt Visby wurden nach Nyköping vor den König zitiert, um sich für die kriegerischen Unruhen zu verantworten. Da die Stadtmauer Visbys ohne königliche Erlaubnis gebaut worden war, hatte die Stadt ein hohes Bußgeld zu bezahlen. Außerdem mussten die Vertreter der Stadt zusagen, die Feindseligkeiten gegenüber den Gotländern außerhalb der Stadt einzustellen. Seine Handelsprivilegien und die Stadtmauer durfte Visby jedoch behalten. Die Mauer wurde nach 1288 sogar noch erhöht und mit zusätzlichen Türmen versehen. Das Handelsvolumen der Händlerbauern auf dem Land sank in den folgenden Jahren weiter. Noch etwa hundert Jahre waren einige von ihnen auf den gotländischen Handelsrouten tätig. Das Misstrauen und die Rivalität zwischen den Händlerbauern Gotlands und den Bürgern der Stadt Visby blieben bestehen. Dies sollte noch schlimme Folgen haben.

1313 versuchte König Birger Magnusson, der älteste Sohn und Nachfolger von Magnus Ladulås, auf Gotland mit Gewalt eine Steuererhöhung durchzusetzen. Seine Streitmacht soll von den Gotländern beim Hügel von Röcklinge nahe Lärbro besiegt worden sein. Der Legende nach versteckte sich der König nach der verlorenen Schlacht in einem Haselgebüsch. Er wurde jedoch entdeckt und unter Schmähungen und Hohn aus den Büschen hervorgezogen. Zunächst wollten ihn die Gotländer erschlagen. Sie unterließen es aber, weil ein Großbauer aus Hejnum zu bedenken gab, dass sie dann die Rache seiner mächtigen Verwandtschaft zu fürchten hätten. Der König kam mit dem Leben davon und konnte letztlich doch noch die Steuern erhöhen. Der Bauer aus Hejnum wurde zum Ritter geschlagen; sein Hof hieß fortan „Riddare" (= Ritter).

Birger Magnusson war eine der finstersten und zugleich tragischsten Gestalten unter den schwedischen Königen. Er wurde 1308 von seinen beiden jüngeren Brüdern, den Herzögen Erik und Valdemar, gefangengesetzt. Später konnte er nach Dänemark fliehen, dessen König sein Schwager war. Als er wieder nach Schweden zurückkehrte, wurde er als König anerkannt, jedoch mit einer stark geschwächten Machtposition. 1317 lud er seine ungetreuen Brüder zu einem Gastmahl in die Festung Nyköpingshus ein. Die Brüder folgten dieser Einladung. Ihr Gefolge wurde außerhalb des Schlosses untergebracht, da in diesem angeblich nicht genug Platz war. Die Brüder aßen und tranken reichlich, worauf sie sich zur Ruhe begaben. Noch in der Nacht wurden sie aus ihren Betten gezerrt und in ein Verließ geworfen, wo sie nach kurzer Zeit umkamen. Diese finstere Vergeltung brachte König Birger jedoch kein Glück: Seine Untertanen nahmen ihm die Ermordung seiner Brüder übel und setzen ihn ab. Er floh mit seiner Königin, einer dänischen Prinzessin, zunächst nach Gotland, dann nach Dänemark ins Exil. Birgers Sohn, Junker Magnus, wurde indessen in Schweden gefangen gehalten und schließlich hingerichtet. Birger starb kurze Zeit später. Der Gram um seinen Sohn mag dabei eine Rolle gespielt haben. Neuer König von Schweden wurde Magnus Eriksson, Birgers Neffe, der Sohn eines seiner ermordeten Brüder. Unter König Magnus wurde die Steuererhöhung für die Gotländer wieder zurückgenommen.

9. 1361 - Valdemar Atterdag erobert Gotland

Das Ende der Blütezeit Gotlands begann im 14. Jahrhundert. In der Mitte dieses Jahrhunderts kam der „Schwarze Tod", die Pest, auf die Insel. Was einst zum Reichtum und zum Wohl Gotlands beigetragen hatte, kehrte sich nun in Verderben um: Die schnelle Verbreitung der Seuche folgte den Handelsrouten. Die Bevölkerung wurde vermutlich drastisch reduziert, viele Höfe verwaisten.

Eine weitere Katastrophe folgte. 1360 eroberte der dänische König Valdemar Atterdag die südschwedischen Provinzen Schonen und Blekinge. Der schwedische König Magnus Eriksson warnte im Frühjahr 1361 die Bürgerschaft von Visby, dass ein Angriff durch den Dänen kurz bevorstünde. Im Sommer 1361 landete Valdemar mit einem Heer aus kriegserfahrenen Rittern und Söldnern zunächst auf Öland und be-

Vermutlich landete das Heer Valdemar Atterdags bei Kronvald an der Eksta-Küste.

siegte ein öländisches Volksheer. Im Juli erreichte er mit seinen Schiffen und seiner Streitmacht Gotland und ging an der Eksta-Küste an Land, vermutlich dort, wo heute die Fischersiedlung Kronvald liegt. Die Dänen marschierten auf Visby zu. Die Gründe für diesen Feldzug waren einerseits, dass Valdemar wohl nach dänischer Expansion im Ostseegebiet strebte und Teile Schwedens erobern wollte. Andererseits gedachte er vermutlich, mit dem legendären Reichtum der Gotländer seine Staatskasse zu füllen. Vielleicht wollte er auch dem Hansebund, der ein wichtiger Machtfaktor in der Ostsee geworden war, seine Stärke beweisen. Die schwedische Historikerin G. Westholm hält auch Absprachen Valdemars mit dem Mecklenburger Herzog für möglich, der vielleicht Gotland im Tausch gegen an ihn verpfändete Gebiete erhalten sollte.

Bei seiner Landung stieß Valdemar zunächst auf ein eilig aufgestelltes und schlecht ausgerüstetes gotländisches Bauernheer, das die militärisch überlegenen Dänen jedoch schnell überwanden. Vor den Mauern Visbys sammelte sich eine Streitmacht, die sich ebenfalls aus der Landbevölkerung der Insel rekrutierte. Diese wehrte sich erbittert gegen Valdemars Invasion. Die gotländischen Bauern waren schon immer von der Königsmacht im fernen Schweden weitgehend unabhängig gewesen - eine freie „Bauernrepublik". Darauf waren sie stolz. Nun kämpften sie für ihre Freiheit und ihren Wohlstand.

Dann geschah das Unfassbare, möglicherweise als Nachwirkung des Bürgerkriegs von 1288. Statt ihren Landsleuten zu helfen, schlossen die Visbyer Bürger die Tore der Stadt. Die Einwohner Visbys rührten keinen Finger für ihre Landsleute und waren Zeugen, als das gotländische Heer vor der Stadtmauer von Valdemars Armee gnadenlos niedergemacht wurde. Die Schreie der Sterbenden müssen in der Stadt deutlich vernehmbar gewesen sein. Als die Schlacht vorüber war, kapitulierte Visby ohne Widerstand und öffnete dem Dänenkönig die Tore. Da Visby nicht ernsthaft geplündert oder beschädigt wurde, vermuten Historiker, dass es wahrscheinlich im Vorwege schon eine Absprache mit dem Dänen gegeben hatte. Die Warnung im Frühjahr durch den schwedischen König Magnus war vielleicht nicht an die Landbevölkerung weitergeleitet oder von dieser nicht genügend beachtet worden.

Der Legende nach ließ König Valdemar drei große Fässer auf dem Marktplatz aufstellen, die die Visbyer Bürger mit Gold, Silber und Edelsteinen füllen mussten. In Gotlands Museum hängt die Reproduktion eines Historiengemäldes des Malers Carl Gustav Hellqvist von 1882, in dem diese Szene in der romantisierenden Art des 19. Jahrhunderts dargestellt wird. Visby entging der Plünderung und Zerstörung, möglicherweise durch die Zahlung des Lösegelds, vielleicht auch, weil die Stadt unter dem Schutz der Hanse oder der Mecklenburger Herzöge stand. Vor der Stadt und auf dem Land hingegen wurden viele Menschen getötet, ihr Eigentum geraubt, gebrandschatzt und verheert. Vielleicht war Visby wegen seiner wirtschaftlichen Bedeutung zu wichtig, um es ernsthaft zu schädigen. Nur zwei Tage nach der Schlacht vor seinen Mauern erhielt Visby von König Valdemar die schriftliche Zusicherung seiner Handelsprivilegien. Die Visbyer Kaufleute konnten weiter so leben wie bisher. Die Konkurrenz durch die Händlerbauern auf dem Land war nun stark geschwächt. Nach Schätzungen waren die Hälfte bis zwei Drittel der männlichen Landbevölkerung in den Kriegshandlungen umgekommen. Die Gotländer außerhalb von Visbys Mauern waren die großen Verlierer des Jahres 1361.

Schon im August 1361 kehrte Valdemar nach Dänemark zurück. Der König erhielt, zumindest der Sage nach, dennoch seine Strafe. Eines seiner mit Reichtümern von Gotland beladenen Schiffe soll vor Stora Karlsö plötzlich in einen Sturm geraten und gesunken sein. Dieses Schiff soll auch die berühmten roten „Karfunkelsteine" an

Bord gehabt haben. Diese Juwelen waren ursprünglich am Westgiebel der Visbyer Kirche S:t Nikolai befestigt und leuchteten im Dunkeln. Sie dienten so als Seezeichen für heimkehrende Schiffe. Bei ruhiger See soll man noch heute sehen, wie die Edelsteine auf dem Meeresboden glitzern und funkeln.

Die etwa 1.800 vor Visby erschlagenen Gotländer wurden wegen der Sommerhitze eilig in einfachen Gruben nahe dem Kloster Solberga östlich der Stadtmauer begraben. Die Gräber gerieten im Lauf der Jahrhunderte in Vergessenheit. Zu Beginn des 19. Jahrhunderts wurden bei Ausschachtungsarbeiten Skelettfunde gemacht. Erst als 1905 weitere Skelette im Untergrund gefunden wurden, erfolgten auf Betreiben des Archäologen Oscar Vilhelm Wennersten Ausgrabungen, bei denen das erste der Massengräber freigelegt und wissenschaftlich untersucht wurde. Die Ausgrabungen fanden große internationale Aufmerksamkeit. Zeitschriften in den USA, Großbritan-

Schädel eines 1361 im Kampf vor Visby getöteten Gotländers mit Resten einer Kettenhaube
Foto: Katharina Nimmervoll/Statens Historiska Museum, Stockholm

nien und Deutschland berichteten darüber. Sogar der deutsche Kaiser Wilhelm II. kam im Juli 1905 nach Visby, um die Grabungsstätte zu besichtigen. Zwei weitere Massengräber wurden 1928 bis 1930 ausgewertet. In jüngerer Zeit untersuchte man das Alter und die Vorerkrankungen der Gefallenen anhand der gefundenen Knochen. Ein viertes Grab wurde oberflächlich erforscht, jedoch nicht ausgegraben, um es im ursprünglichen Zustand zu belassen.

Das Verscharren der im Jahr 1361 Gefallenen geschah in großer Hast, da die Toten im Hochsommer rascher Verwesung ausgesetzt waren. Sie wurden deshalb mit Teilen ihrer Ausrüstung begraben, insbesondere mit ihren Kettenhemden und Hauben aus Metallringen, deren rostige Reste die Schädel heute noch umhüllen. Auch (wenige) Sporen und Hufeisen wurden entdeckt, ein Hinweis darauf, dass ein kleiner Teil des Heeres wohl beritten war. Die Funde geben den Archäologen wichtige Hinweise auf die Bewaffnung und die Kampftechnik dieser Zeit und sind von internationaler Bedeutung. Es stellte sich heraus, dass die Gotländer im Vergleich zu den dänischen Truppen schlecht ausgerüstet waren. Die Lederhemden, in die Eisenplatten eingenäht waren, und die Plattenpanzer waren veraltet. Auch die um diese Zeit gebräuchlichen eisernen Helme scheinen sie nicht gehabt zu haben. Vielleicht hatte während der langen Friedenszeit zuvor keine Notwendigkeit für eine bessere Ausrüstung und Bewaffnung bestanden. An den knapp 1.200 gefundenen Skeletten konnte man zahlreiche Verletzungen feststellen, wie sie etwa durch scharfe Klingen, Armbrustbolzen oder Streithämmer hervorgerufen werden. Viele der Gefallenen waren von hinten erschlagen worden. Vermutlich hatten sie versucht zu fliehen. Man stellte fest, dass gut die Hälfte der toten Gotländer jüngere, gesunde Männer waren, der Rest jedoch Alte, Jugendliche unter 20 Jahren und Invaliden. Offenbar hatte man mit allen zur Verfügung stehenden Kräften versucht, Valdemar Atterdag entgegenzutreten – vergeblich.

Zur Erinnerung an die verhängnisvolle Schlacht vor der Stadtmauer wurde circa 10 bis 25 Jahre nach dem schrecklichen Ereignis ein steinernes Kreuz aufgestellt – wahrscheinlich **nicht** durch den Rat der Stadt Visby. Noch heute kann man es besichtigen. Es befindet sich zwischen dem Sportplatz Gutavallen, der Klosterruine Solberga, Östra Hansegatan und dem Südfriedhof von Visby. Das Kreuz trägt eine lateinische Inschrift; sie lautet in der Übersetzung:

„Am 27. Juli im Jahre des Herrn 1361
fielen vor Visbys Toren
in die Hände der Dänen
die hier begrabenen Gotländer.
Betet für sie.“

Die Schlacht vor Visby ist ein Wendepunkt in der Geschichte der Insel, die jetzt mit Unterbrechungen für etwa 300 Jahre unter dänischer Herrschaft blieb. Viele Fundstücke aus den Gräbern und die Ergebnisse der forensischen Untersuchungen an den Skeletten werden in Gotlands Museum ausgestellt.

Seltsamerweise scheint sich König Valdemar nach seinem Kriegszug gegen Gotland nicht weiter für die Insel interessiert zu haben. Man könnte fast von einem Machtvakuum sprechen. Neuere Forschungen deuten darauf hin, dass es vielleicht Absprachen mit dem Mecklenburger Fürstenhaus gegeben hatte, das sich als eine Art Schutzmacht für die Hansestadt Visby betrachtete. Während Valdemar Gotland praktisch kaum weiter beachtete, verhielten sich die Mecklenburger in den folgenden Jahren, als ob sie Gotland als ihr Eigentum ansahen. Letztendlich wurde Gotland in den Jahrzehnten nach 1361 ein Spielball der Ostseemächte Dänemark, Mecklenburg, Schweden und der Hanse. Wirtschaftlich war es der große Verlierer. Für den Niedergang Gotlands als Fernhandelszentrum gab es jedoch noch andere Gründe. Die Hansestadt Lübeck gewann immer mehr an Bedeutung. Im Gegensatz zu Gotland hatte Lübeck ein ungleich größeres Hinterland; der Handel fand nicht nur zur See, sondern auch zu Lande statt. Lübeck verdrängte schließlich Visby als führende Hansestadt.

10. Von abgesetzten Königen, Piraten und dänischen Verwaltern: Politische Wirren und wirtschaftlicher Abstieg

Auf dem schwedischen Festland regierte König Magnus Eriksson von 1319 bis 1364. In seine Regierungszeit fielen die Eroberung Schonens, Ölands und Gotlands durch die Dänen. Magnus scheint keinen ernsthaften Versuch unternommen zu haben, Gotland zurückzugewinnen. Finanziell gesehen war der Verlust Gotlands für ihn kein allzu großer Schaden. Die Gotländer mussten von alters her nur etwa ein Fünftel so viel Steuern bezahlen wie die übrigen Schweden. Vielleicht war dies zusammen mit der bedrohlichen Lage auf dem schwedischen Festland der Grund für das scheinbar mangelnde Interesse des schwedischen Königs an Gotland.

Magnus war hoch verschuldet. Er hatte im Jahr 1332 Schonen von den Dänen gekauft und dann die Steuern erhöht, um diesen Kauf zu finanzieren. Viele mächtige Männer waren mit ihm heillos zerstritten und wollten ihn als König absetzen, darunter auch der einflussreiche Bischof von Linköping. 1363 reiste eine inoffizielle schwedische Abordnung nach Mecklenburg und trat mit dem dortigen Herzog in Verhandlungen ein. Albrecht, der mittlere Sohn des Herzogs, sollte in Schweden König werden. Vielleicht hofften die schwedischen Granden, in Albrecht von Mecklenburg eine leicht lenkbare Marionette zu haben. 1364 wurde er zum König gewählt. Da Magnus seinen Thron nicht freiwillig räumte, kam es zwischen seinen und Albrechts Anhängern zur Schlacht, in der Magnus 1365 bei Enköping besiegt und gefangen genommen wurde. Aber auch Albrecht war schnell unerwünscht in Schweden, da er Schlüsselpositionen im Reich bevorzugt mit seinen deutschen Landsleuten besetzte. Viele schwedische Herren hatten ihn von Anfang an nicht akzeptiert. Einflussreiche Kreise in Schweden wandten sich an Margarethe von Dänemark, die Tochter Valdemar Atterdags, die Dänemark und Norwegen regierte. Sie sollte nun auch in Schweden Regentin werden. Albrecht wehrte sich dagegen, als König abgesetzt zu werden. Wieder fand eine Schlacht um den Königstitel von Schweden statt, diesmal zwischen den Anhängern Albrechts und Margarethes. Bei Åsle nahe Falköping wurde Albrecht 1389 geschlagen und zusammen mit seinem Sohn Erich gefangen genommen. Margarethe war nun faktisch Herrscherin über Dänemark, Norwegen und Schweden.

Doch Albrecht hatte Anhänger, die noch zu ihm hielten, nämlich in Kalmar und Stockholm. Margarethe konnte den Widerstand in Kalmar schnell überwinden, in Stockholm war dies jedoch schwieriger. Ein großer Teil der Bevölkerung war deutschstämmig und unterstützte Albrecht. Während Margarethes Armeen Stockholm belagerten, wurde die Stadt von 1389 bis 1395 von den mecklenburgischen Städten Rostock und Wismar aus per Schiff mit Lebensmitteln (Viktualien) versorgt.

Gleichzeitig begannen die Mecklenburger einen Kaperkrieg gegen Margarethe, da man zu Lande keine Möglichkeit sah, den Konflikt zu gewinnen.

Was als Versuch begann, Albrecht von Mecklenburg wieder als König von Schweden zu installieren, entwickelte sich zum Aufstieg der Piraterie im Ostseeraum. Zahlreiche Schiffe wurden von den Mecklenburgern ausgerüstet; Kaperbriefe wurden ausgestellt, um dem Ganzen zumindest einen dünnen Anstrich von Legalität zu verleihen. Die Kapitäne der Kaperschiffe stammten meist aus dem niederen Adel Mecklenburgs oder Holsteins. Viele abenteuerlustige, gewaltbereite oder verzweifelte Männer aus Norddeutschland und anderen Gegenden des Ostseegebiets schlossen sich den Kaperfahrten an. Im Auftrag der mecklenburgischen Landesherren bekämpften sie die Feinde Albrechts. Gleichzeitig waren sie in eigener Sache unterwegs mit der Aussicht auf reiche Beute. So entwickelten sich die „Vitalienbrüder" oder „Liekedeeler" zum Schrecken der Handelsschifffahrt.

Anfangs waren die Häfen von Wismar und Rostock die Ausgangspunkte der Kaperfahrer. Sie lagen im Stammland der Mecklenburger. Die Seeräuber gewannen mit der Zeit an Stärke, nicht nur auf der Ostsee, sondern auch auf der Nordsee. 1392 waren über 2.000 Freibeuter auf der Ostsee unterwegs. Die Überfälle auf Schiffe nahmen lawinenartig zu. Zwischen 1392 und 1394 musste die Handelsschifffahrt der Hanse in Teilen der Ostsee weitgehend eingestellt werden. Die Seeräuber waren so kühn, auch größere Städte anzugreifen. 1392 überfielen sie beispielsweise Visby, 1393 Bergen in Norwegen, um zu rauben und zu plündern. Ungehindert konnten die Piraten die Beute ihrer Raubzüge in Wismar und Rostock verkaufen. Beide Orte waren pikanterweise Hansestädte. Dies führte zu massiven Konflikten mit anderen Städten des Hansebunds; man erwog sogar, sie aus der Hanse auszuschließen.

1394 gelang es Albrecht von Pecatel, einem Parteigänger König Albrechts, mithilfe der Vitalienbrüder Visby einzunehmen. Margarethe schickte daraufhin eine Flotte unter dem Befehl von Sven Sture nach Gotland. Er übernahm die Kontrolle auf der Insel, wobei es ihm jedoch nicht gelang, Visby zu erobern. Visby war nun unter der Herrschaft der Liekedeeler, der Rest Gotlands unter der Sven Stures, der zunächst noch in Margarethes Diensten stand.

Margarethe ließ 1395 Albrecht von Mecklenburg und seinen Sohn frei; sechs Jahre waren sie in der Festung Lindholmen in Schonen Margarethes Gefangene gewesen. Die Bedingung für die Freilassung war, dass Albrecht innerhalb von drei Jahren ein hohes Lösegeld aufbringen musste. Konnte er dies nicht, musste er ihr die Herrschaft über Stockholm und die schwedische Krone überlassen (Vertrag zu Lindholm). In der Zwischenzeit wurde Stockholm von der Hanse verwaltet. 1395 kam es zum Friedensschluss von Skanör und Falsterbo. Die Hanse, der Deutsche Orden (s. S. 71), Dänemark und die Mecklenburger beschlossen, die Feindseligkeiten einzustellen. Die Städte Wismar und Rostock durften fortan keine Vitalienbrüder mehr beherbergen oder unterstützen. Nun, da ihnen eine wichtige Operationsbasis entzogen war, zogen sich die Mecklenburger und Holsteiner Adeligen, die den größten Teil der Anführer gestellt hatten, mehr und mehr von den Kaperfahrten zurück. Andere setzten ihre Kaperfahrten in der Ostsee auf eigene Rechnung fort oder verlagerten ihre Operationen in die Nordsee.

1396 landete Albrechts Sohn Erich im Auftrag seines Vaters mit einer Streitkraft auf Gotland. Er verschanzte sich in der Festung Klinteholm, die auch unter dem Namen Landeskrone bekannt war. Sie befand sich wahrscheinlich auf der Halbinsel Vivesholm nördlich von Klintehamn an der Westküste Gotlands. Es gelang ihm, Margarethes Gefolgsmann Sven Sture zu besiegen und zum Lehnseid zu zwingen. Damit waren die Insel und die Stadt Visby nun fest in Erichs Hand. Seine Leute nannten ihn „König von Gotland".

Um die Sache seines Vaters zu unterstützen, sandte Erich eine bewaffnete Flotte nach Stockholm. Diese musste jedoch unverrichteter Dinge wieder zurücksegeln, da die hansische Besatzung die Schiffe nicht einlaufen ließ. Erich starb schon 1397, vermutlich an der Pest. Sven Sture übernahm das Kommando. Gotland hatte sich in ein Seeräubernest verwandelt.

Da Albrecht von Mecklenburg das im Vertrag zu Lindholm vereinbarte Lösegeld nicht zahlen konnte, nahm Margarethe Stockholm 1398 in Besitz und war nun Herrscherin über ganz Schweden. Albrecht ging in sein Stammland zurück.

Reste einer alten Festung auf der Halbinsel Vivesholm nördlich von Klintehamn. Hier befand sich mit hoher Wahrscheinlichkeit die ehemalige Seeräuberburg Klinteholm/Landeskrone. Sie wurde 1398 durch den Deutschen Orden zerstört. Im 18. Jahrhundert wurde auf Vivesholm eine Schanze zur Landesverteidigung errichtet.

Das Treiben der Piraten auf Gotland fügte vielen Staaten und dem Ostseehandel großen Schaden zu. 1398 griff eine weitere Macht ein: der Deutsche Orden unter seinem Großmeister Konrad von Jungingen. Der Deutsche Orden hatte eine enge Bindung an die Hanse und trat des Öfteren als eine Art Schutzmacht und Vermittler für den Hansebund auf. Auch die Hansestädte im Ordensstaat, etwa Danzig oder Königsberg, litten unter der ständigen Bedrohung ihrer Handelsschiffe durch die Piraten. Ein anderer Grund für die Intervention des Ordens war, das Gleichgewicht der Kräfte wiederherzustellen. Die Dänenherrscherin Margarethe war ihm vielleicht zu mächtig geworden.

Der Deutsche Orden – Rittermönche an der Ostsee

Der Deutsche Orden wurde 1190 in Palästina von Kreuzfahrern und Pilgern gegründet. 1237 vereinigte er sich mit dem Schwertbrüderorden. Der Deutsche Orden entwickelte sich zu einem Ritterorden, einer militärisch geführten Organisation, die Gebiete im östlichen Ostseeraum (Preußen, Teile des heutigen Polens und des Baltikums) christianisierte und kolonisierte. Der Orden bestand aus bewaffneten Rittermönchen sowie aus Priestern und Laienbrüdern, angeführt von einem Großmeister.

Die gut bewaffneten und zahlenmäßig überlegenen Streitkräfte des Deutschen Ordens erreichten Västergarn auf Gotland von Danzig aus im März 1398 unter ihrem Befehlshaber Johann von Pfirt. Die Seeräuberfestung Klinteholm wurde erobert und niedergebrannt. Auch zwei weitere Piratenfestungen, die vermutlich in Slite und in Lojsta lagen, wurden zerstört. Die Ordensritter drangen mit ihrem Heer nach Visby vor. In Verhandlungen mit Sven Sture und mit Johann von Mecklenburg, dem Neffen König Albrechts, wurde beschlossen, dass die Seeräuber Gotland binnen zwei Tagen zu verlassen hätten. Als Gegenleistung erhielten sie freien Abzug. Kurz danach wurde der größte Teil der Ordenstruppen wieder abgezogen, jedoch verblieb eine Besatzung, um die Insel zu verwalten und vor weiteren Angriffen zu sichern. Aber auch Königin Margarethe hatte ihr Augenmerk wieder auf Gotland gerichtet. Sie schickte ihren Admiral Abraham Brodersen 1403/1404 mit einer Flotte aus, um Gotland zurückzuerobern, was nach anfänglichen militärischen Erfolgen jedoch scheiterte. Wieder zog ein mächtiges Ordensheer nach Gotland und nahm die Insel erneut in seinen Besitz.

Im Süden Visbys wurde ab 1407, also noch während der Herrschaft des Deutschen Ordens, der Bau einer Festung begonnen, in die die Verteidiger der Stadt fliehen konnten, wenn der Feind die Stadtmauer gestürmt hatte. Diese Festung war der Vorläufer der späteren Visborg. Die Besetzung Gotlands und seine Verteidigung waren für den Deutschen Orden sehr aufwändig und kostspielig. Viele Handlungen deuten zwar darauf hin, dass der Orden sich hier länger einrichten und Gotland fest in sein Herrschaftsgebiet integrieren wollte. Im Stammland des Ordens drohten jedoch kriegerische Auseinandersetzungen mit feindlichen Nachbarstaaten.

Erich von Pommern und die Kalmarer Union

Margarethe von Dänemark war mit Håkan verheiratet, dem König von Norwegen und Sohn Magnus Erikssons. 1380 starb Håkan, 1387 auch der gemeinsame Sohn Olof. Als Margarethe daraufhin einen Thronfolger suchte, fiel ihre Wahl auf ihren Großneffen Bogislav, Sohn ihrer Nichte und des Herzogs Vratislav von Pommern-Stolp. Bogislav nannte sich fortan Erik, da dieser Name besser zu einem dänischen Thronerben passte. In den Geschichtsbüchern ist er als Erich von Pommern bekannt.

1397 wurden die drei Reiche Dänemark, Norwegen und Schweden in Kalmar offiziell unter einer Krone vereint. Die Kalmarer Union bestand mehr oder weniger bis 1523, unterbrochen von kriegerischen Auseinandersetzungen der drei eigentlich geeinten Reiche. Sie stand von Anfang an unter dänischer Vorherrschaft, was auch immer wieder die Stabilität des Bundes gefährdete. Besonders Schweden stand dem Bündnis eher ablehnend gegenüber. Die Kalmarer Union sollte unter anderem dazu dienen, die Machtverhältnisse in der Ostsee zugunsten der skandinavischen Königreiche zu verschieben, insbesondere gegenüber der wirtschaftlich mächtigen Hanse und dem Deutschen Orden. Erich von Pommern wurde 1397 noch als Teenager zum Unionskönig gekrönt. Solange Margarethe lebte, war er nur dem Namen nach König. Erst nach ihrem Tod im Jahr 1412 übernahm Erich tatsächlich die Regierung.

1405 verzichtete Albrecht von Mecklenburg auf alle seine Rechte an Gotland zugunsten des Unionskönigs Erich von Pommern. Erich kaufte Gotland 1408 vom Deutschen Orden für eine hohe Summe zurück. Die Ordensritter zogen ab, da Krieg im Stammland des Ordens bevorstand und sie dort dringend gebraucht wurden. Nur zwei Jahre später verlor der Orden die Schlacht bei Tannenberg gegen ein polnisch-litauisches Heer und damit seine Vormachtstellung im östlichen Ostseeraum.

Um den Kauf Gotlands zu finanzieren, erhob Erich von Pommern eine hohe Steuer. Er ließ die von den Ordensrittern begonnene Festung im Süden Visbys zu einer schier uneinnehmbaren Burg ausbauen: der Visborg. Die Bürger Visbys sahen dies nicht gern, und das mit gutem Grund. Wer die Visborg beherrschte, beherrschte auch Visby und letztlich die ganze Insel.

Darstellung der Visborg auf einer Votivtafel von 1618 in der Kirche von Fårö *(s. auch S. 264)*

Die Geschichte wiederholte sich erneut. Erich von Pommern machte sich als König unbeliebt. Er vergab beispielsweise Lehen mit Vorliebe an Nichtschweden, setzte dänische und deutsche Vögte ein, die die Steuern eintrieben, und hörte nicht auf seine schwedischen Ratgeber. Er verlor die Unterstützung der Großen des Reichs. Es gab Aufstände gegen Erich. Schließlich wurde er abgesetzt und floh 1437 nach Gotland. 1439 verlor Erich endgültig die Krone. Er hegte jedoch die Hoffnung, eines Tages wieder schwedischer König zu sein, und begann, Kaperfahrten auf der Ostsee zu unternehmen und die schwedischen Küsten überfallen zu lassen. Zwölf Jahre lang herrschte der Exilkönig auf Gotland.

Als Erichs Nachfolger wurde Christoph von Bayern zum schwedischen König gewählt. Es war ihm eine wichtige Angelegenheit, seinen Vorgänger und potenziellen Konkurrenten Erich von Gotland zu entfernen. Christoph ließ eine Flotte gegen Gotland segeln, doch es glückte ihm nicht, Erich von der Visborg zu vertreiben. In Västergarn an der gotländischen Westküste trafen sich die beiden Könige 1446, um zu verhandeln. Es wurde ein einjähriger Waffenstillstand ausgemacht, ansonsten kam es zu keiner Einigung. 1449 verließ Erich von Pommern jedoch die Insel und ging wie vor ihm Albrecht von Mecklenburg in sein Stammland zurück. Unter Christophs Nachfolger ging Gotland wieder an Dänemark.

Ab 1449 wurde Gotland durch eine Reihe dänischer Statthalter („Lehnsmänner") verwaltet, von denen viele eine ganz eigene Machtpolitik betrieben, sich persönlich bereicherten und es als ihr selbstverständliches Recht ansahen, Seeräuberei zu betreiben. Den Beginn machten drei Brüder: Olof, Filip und Erik Axelsson Tott.

Die Familie Tott war ein mächtiges dänisch-schwedisches Adelsgeschlecht und verfügte über großen Landbesitz in Dänemark, Schweden und Finnland. Olof diente dem dänischen König Christian I. zunächst als Admiral und Berater. Er lieh dem König große Summen, die dieser nach der Gewohnheit von Königen nicht zurückzahlte, sondern sozusagen in Naturalien beglich: Olof Axelsson Tott erhielt Gotland als Lehen. Er griff schwedische Schiffe an und verheerte die schwedische Ostküste. Nach seinem Tod 1464 wurde sein Bruder Filip sein Nachfolger, der jedoch nach nur zwei Monaten im Amt verstarb. Danach wurde der dritte Bruder, Ivar Axelsson Tott, Lehnsherr bis 1487. Ivar Axelsson Tott wurde durch Heirat der größte Landbesitzer Schwedens. Er regierte wie ein Kleinkönig und spielte eine wichtige Rolle in der schwedischen Innenpolitik. Ihm wurden sogar Ambitionen auf die schwedische Krone nachgesagt.

Nach den Tott-Brüdern folgte Jens Holgersen Ulfstand, aus dänischem Adel und Admiral des dänischen Königs. Er verwaltete Gotland 1487 bis 1509. Auch er ließ Handelsschiffe überfallen und ausrauben. Mit der Beute finanzierte er unter anderem den Bau seiner Burg Glimmingehus in Schonen. Die Bevölkerung Gotlands beklagte sich mehrfach über Ulfstands Missetaten beim dänischen König, da er unter anderem den Unterhalt der Häfen vernachlässigte, die Bauern betrog, von denen er Waren kaufte, und die gotländischen Händler zugunsten seiner eigenen Geschäfte benachteiligte. Sogar eine Abordnung des Reichsrats musste nach Gotland geschickt werden, um die Vorwürfe zu untersuchen. Dennoch blieb der als „Bauernplage" verschriene Ulfstand im Amt.

Ulfstands Nachfolger wurde 1509 Laurens Schinkel, der wiederum 1517 von Søren Norby abgelöst wurde. Norby stammte von der dänischen Insel Fünen und kam aus niederem Adel. Er war ein kriegserfahrener dänischer Admiral. Der dänische König Christian II. setzte ihn ein, weil er einen Getreuen auf Gotland brauchte, der die Insel sowohl verteidigen konnte als auch für militärische Operationen zur Verfügung stand. Christian strebte auch nach der schwedischen Krone und führte Feldzüge, um diese zu gewinnen. 1520 gelang es ihm, die schwedischen Truppen zu besiegen, während Norby Stockholm für ihn eroberte. Christian wurde daraufhin zum schwedischen König gekrönt. Er ließ viele seiner schwedischen Gegner hinrichten, was als „Stockholmer Blutbad" in die Geschichte einging. Christian II. wurde in Schweden gehasst und erhielt dort den Beinamen „der Tyrann".

In Dalarna begann ein Aufstand, der sich schnell ausbreitete. Bald war Schweden seine dänischen Besatzer los. Søren Norby versuchte, das noch in dänischer Hand befindliche Stockholm von See her mit Lebensmitteln zu versorgen, aber dies misslang. Er segelte zurück nach Gotland. Norby verfügte über eine Flotte und Truppen, mit denen er Teile der Ostsee kontrollieren konnte. Als selbsternannter „General der Ostsee" begann er mit dem Einverständnis und der Vollmacht des dänischen Königs Christian II. einen Kaperkrieg, um Schweden zu isolieren. Dabei überfiel er auch viele Schiffe der Hanse und die schwedischen Küsten. Christian II. wurde 1523 zur Abdankung gezwungen und ging nach Holland ins Exil. In Schweden wurde Gustav Wasa zum König gewählt. Die Kalmarer Union war jetzt am Ende. Christians Nachfolger in Dänemark wurde Frederik I. Søren Norby verweigerte diesem neuen dänischen König die Treue. Er hielt zum abgedankten Christian II. und führte fortan Kaperkrieg gegen alle: Dänen, Schweden und die Hanse. 1524 rüstete der neue schwedische König Gustav Wasa eine Flotte aus, um Norby zu besiegen. Dies gelang nicht, denn Norby saß auf der fast uneinnehmbaren Visborg.

1525 wurde zum Katastrophenjahr für Gotlands Inselhauptstadt. Eine dänisch-lübische Flotte segelte nach Visby und griff die Stadt an. Es gelang den Lübeckern, die Mauern zu erstürmen. Noch heute sieht man an der nördlichen Stadtmauer die sogenannte „Lübecker Bresche". Feuer wurden in der Stadt gelegt, wobei nicht sicher ist, ob von den Angreifern oder den Verteidigern, das heißt von Norbys Leuten. Die Stadt wurde geplündert und brannte in großen Teilen nieder. Aber selbst jetzt gelang es nicht, die Visborg zu erobern.

Indessen schürte Norby Unruhen unter den Bauern in den damals dänischen Provinzen Blekinge und Schonen, um die Sache Christians II. zu fördern. Die Aufstände wurden von dänischer Seite niedergeschlagen und Norby im Schloss von Landskrona eingeschlossen. Er kam jedoch nach Verhandlungen frei. Im Tausch gegen seine Ansprüche auf Gotland erhielt er Lehen in Blekinge. Norby setzte danach seinen Privatkrieg fort. In einer Seeschlacht vor Blekinges Küste wurde seine Flotte 1526 schließlich endgültig besiegt, und er floh außer Landes.

Nachdem Norby Gotland verlassen hatte, hörte der militärische Streit um Gotland zwischen Dänemark und Schweden zunächst auf. Im Frieden zu Stettin, der den Nordischen Siebenjährigen Krieg beendete, wurde 1570 die Gotland-Frage geklärt. Schweden gab seinen Anspruch auf Gotland auf und die Insel blieb eine dänische Provinz.

Der weitere Verlauf der dänischen Herrschaft im 16. Jahrhundert auf Gotland wirkte sich nicht gerade positiv auf die Insel aus. Zwar waren die Zeiten jetzt einigermaßen friedlich. Aber die Steuerlast drückte die Bauern, die dazu noch Arbeitsleistungen auf der Visborg und auf den Königsgütern von Visby und Roma auszuführen hatten. Sie mussten ihre Erzeugnisse zu Dumpingpreisen an die dänische Obrigkeit liefern. Da die Getreideproduktion nicht den Bedarf der Insel deckte, mussten zeitweise zu überhöhten Preisen Getreide und Saatgut dazugekauft werden. Der dänische Statthalter und seine Vögte konnten sich kostenlos bei den Bauern einquartieren und mussten von ihnen verpflegt werden, was einige sehr ausnutzten. Die Folge war, dass ungefähr jeder vierte bis fünfte Hof verödete.

1618 begann der Dreißigjährige Krieg, in den Dänemark und Schweden später ebenfalls eintraten; die beiden Königreiche führten auch untereinander Krieg. Gotland war nur wenig davon betroffen. 1645 beendeten Dänemark und Schweden ihren Zwist im Frieden zu Brömsebro. Gotland wurde dabei Schweden zugesprochen. Die Zeit der Unruhen und der dänischen Herrschaft - mit Unterbrechungen von 1361 bis 1645 - war für Gotland eine Zeit des wirtschaftlichen und kulturellen Niedergangs. Eine wichtige Rolle spielte dabei die Visborg. Wer sie innehatte, beherrschte die Stadt Visby und letztlich auch die ganze Insel. Mit ihrer Hilfe wurden die einst so stolzen Kaufleute und die früher so eigenständigen Bauern kleingehalten. Die Visborg existierte noch bis 1679. Gotland fiel von 1676 bis 1679 noch einmal kurz in dänische Hand. Die Visborg wurde danach von der abziehenden dänischen Besatzung in die Luft gesprengt. Heute sind nur noch wenige Reste der Festung an der südlichen Stadtmauer Visbys erhalten.

Gotland war für Schweden, das im 17. und beginnenden 18. Jahrhundert zur nordischen Großmacht aufstieg, als militärischer Stützpunkt strategisch von großer Bedeutung. Wirtschaftlich war es zunächst jedoch eher eine Belastung für den schwedischen Staat. 1654 war Gotland der schwedischen Königin Christina als Unterhaltsland zugesprochen worden. Christina hatte auf den schwedischen Thron verzichtet und abgedankt. Sie lebte im Exil in Rom und erhielt bis zu ihrem Tod 1689 große Summen aus den wirtschaftlichen Erträgen Gotlands.

11. Boden-Schätze: Sensationelle Hortfunde auf Gotland

Gotland weist eine der höchsten Funddichten Europas für vergrabene Schätze auf. So spannend wie die Schätze selbst sind die Umstände, unter denen sie gefunden wurden. Mehrfach entdeckten Bauern beim Pflügen, dass inmitten der Ackerfurchen plötzlich Silbermünzen und kostbare Schmuckstücke blinkten. Auch beim Ausheben von Gräben oder bei Reparaturarbeiten an alten Gebäuden oder Mauern kam plötzlich glänzendes Edelmetall aus alten Zeiten zum Vorschein. Außergewöhnlich war der Fund des Stavar-Schatzes: Schulkinder fanden beim Spielen in Bandlundviken die ersten Münzen dieses Horts in einem Kaninchenbau.

Der bisher weltgrößte Silberschatz wurde 1999 auf Gotland gefunden: der Hort von Spillings. Spillings ist ein Hof an der Bogevik bei Slite. Die Bogevik ist heute ein Binnensee, in der Wikingerzeit aber war sie eine Meeresbucht und ein wichtiger Hafen. Der Schatz von Spillings wiegt etwa 67 Kilogramm und umfasst mehr als 14.000 Münzen und Silberschmuck, darunter Hals-, Arm- und Fingerringe sowie „Hacksilber". Darunter versteht man Silbergegenstände, die in kleinere Teile „gehackt" wurden, damit man sie besser abwiegen konnte, etwa um sie aufzuteilen. Zudem fanden Archäologen Reste einer Holzkiste mit 20 Kilogramm baltischer Bronzegegenstände. Der Schatz aus der Wikingerzeit wurde vermutlich nach 871 (Prägedatum der jüngsten Münze) unter dem hölzernen Boden eines Wirtschaftsgebäudes

Silberschmuck (Armringe, Halsreifen und Brosche) aus verschiedenen gotländischen Schatzfunden *Foto: Katharina Nimmervoll/Statens Historiska Museum, Stockholm*

Brakteaten aus Gold, Schatzfund von Ringome/Ölbacken
Foto: Ulf Bruxe/Statens Historiska Museum, Stockholm

versteckt. Dieses Gebäude existiert nicht mehr, dort befindet sich heute Ackerland. Der Silberschatz von Spillings wird heute in Gotlands Museum in Visby ausgestellt.

Die meisten Schätze auf Gotland stammen aus einer Zeitspanne von Christi Geburt bis in die Wikingerzeit, einige aus dem Mittelalter oder aus späteren Zeiten. Sie bestehen aus Gold, Silber, Bronze und Edelsteinen und beinhalteten Münzen, Schmuck, luxuriöse Gebrauchsgegenstände oder auch kostbares Kircheninventar.

Die Völker Mittel- und Nordeuropas kamen in den Jahrhunderten nach Christi Geburt immer öfter in Kontakt mit den Kulturen des Mittelmeeres und mit ihren Luxusgütern. Die Römer und Byzantiner verwendeten Goldmünzen, sogenannte Solidi, die dann auch in den Ostseeraum gelangten und Bestandteil einiger Hortfunde auf Gotland sind. Die Zeit zwischen 400 und 550 nach Christus war das „Goldene Zeitalter“ Gotlands, jedenfalls was den Einstrom von Gold angeht. Viele Männer aus dem Norden taten Dienst in der römischen oder byzantinischen Armee und kamen so zu Wohlstand. Andere Reichtümer wurden durch Plünderungen, Erzwingung von Tributen oder durch Handel gewonnen. An verdienstvolle Verbündete verteilten die römischen und oströmischen Kaiser große Goldmünzen mit ihrem Portrait, sogenannte Kaisermedaillons. Dies waren die Vorbilder für die Brakteaten, die in den nordischen Ländern und besonders auf Gotland verbreitet waren: große runde Goldscheiben, die als Anhänger getragen werden konnten, meist aus mehr oder weniger dünnem Goldblech. Brakteaten waren oft mit feinen Mustern verziert

Diese bronzene römische Reiter- bzw. Parademaske aus dem 2. Jahrhundert ist einer der interessantesten Schatzfunde Gotlands. Sie war Teil eines Hortfundes und wurde nahe Hellvi entdeckt. Römische Offiziere trugen derartige Masken auf Paraden.

Foto: Statens Historiska Museum, Stockholm

und trugen stilisierte Menschen- oder Tierdarstellungen. Gold-Brakteaten zählen zu den interessantesten Stücken in den gotländischen Schatzfunden; sie dienten zudem als kostbare Grabbeigaben in Frauengräbern. Besondere Gegenstände aus Gold in den gotländischen Hortfunden waren auch prächtige, mit feinen Mustern verzierte oder aus mehreren verschlungenen Strängen dicken Golddrahts gefertigte Ringe, Hals- und Armreifen sowie dosenförmige Spangen, mit denen die Gewänder zusammengehalten beziehungsweise geschmückt wurden. Auf letzteren befinden sich oft stilisierte Tierdarstellungen und kunstvoll verschlungene Linienmuster.

Bei den wikingerzeitlichen Münzfunden auf Gotland zeigt sich ein bestimmtes Muster: Im 9. Jahrhundert erschlossen die gotländischen Wikinger/Händler die Gebiete entlang der russischen Flüsse bis zum Schwarzen und Kaspischen Meer und

Goldener Halsring (Torques) aus dem Havor-Schatz (Replik). Der Havor-Schatz stammt von etwa 200 nach Christus und wurde 1961 bei einer Forschungsgrabung in einer alten Fluchtburg gefunden. Das Original des Halsreifens wurde 1986 unter mysteriösen Umständen aus Gotlands Museum gestohlen. Heute wird eine Replik ausgestellt, eine weitere im Historischen Museum in Stockholm.
Foto: Christer Åhlin/Statens Historiska Museum, Stockholm

Dosenförmige Spange aus der Wikingerzeit in Bronze, Gold und Silber
Foto: Statens Historiska Museum, Stockholm

kamen in den Besitz von Waren und Münzen aus dem Byzantinischen Reich und dem Nahen Osten. Die Schätze, die in dieser Zeit versteckt wurden, beinhalteten sehr viele arabische Silbermünzen (Dirhame). Der Zustrom von Münzen aus dem Nahen Osten nahm gegen Ende des 10. Jahrhunderts ab. Stattdessen stieg der Anteil an Münzen aus den Gebieten des heutigen Deutschlands und aus England.

Die Schätze wurden in der Regel innerhalb der damaligen Gebäude oder in ihrer unmittelbaren Nähe vergraben oder verborgen. Die Gründe, warum so viel Reichtum jahrhundertelang ungenutzt in der Erde lag, sind uns heute ein Rätsel. Warum wurden das Silber und das Gold nicht ausgegeben/verwendet? Warum wurden so viele Schätze offensichtlich „vergessen", sodass niemand mehr wusste, wo sie versteckt waren? Waren sie der Besitz einzelner Menschen oder der ganzer Familien? Kamen ihre ehemaligen Eigentümer ums Leben, bevor sie ihr Geheimnis weitergeben konnten?

In manchen Fällen mag es so gewesen sein, dass durch den Tod der Eigentümer der Schatz nicht mehr auffindbar war. Derjenige, der das Versteck kannte, war möglicherweise in kriegerischen Auseinandersetzungen oder auf einer Reise in ferne Länder umgekommen. Manche Archäologen meinen, dass ein Schatz möglicherweise nicht als Geld im Sinn eines banalen Zahlungsmittels betrachtet wurde, sondern als feste Wertanlage, die quasi zum Hofbesitz dazugehörte. Vielleicht diente das Edelmetall auch als Brautgeld, das auf dem Hof der Brauteltern deponiert wurde. Einige Historiker halten es auch für möglich, dass Gold und Silber eine religiöse oder magische Bedeutung hatten: Vielleicht erwarb man sich mit dem Verbergen von Schätzen auf dem eigenen Hof das Wohlwollen und den Schutz der Götter oder anderer spiritueller Wesen. Noch heute gibt es auf Gotland das Sprichwort, dass Silber im Haus Glück bringt.

Ab dem Ende der Wikingerzeit in der zweiten Hälfte des 11. Jahrhunderts nimmt die Anzahl der Schätze, die auf Gotland der Erde anvertraut wurden, rapide ab. Zu den mittelalterlichen/späteren Hortfunden zählt beispielsweise der Dune-Schatz, einer der größten Schatzfunde Nordeuropas. Er beinhaltet neben Schmuck und Münzen auch Schalen und Pokale aus Edelmetall und wurde nach 1382 versteckt. Der Bunge-Schatz enthält Schmuck aus dem 14. Jahrhundert sowie gotländische, deutsche und dänische Münzen. Aus dem Prägedatum der jüngsten Münzen weiß man, dass er nach 1529 verborgen wurde.

Ab und zu tauchte auf Gotland schon vor der Entwicklung der modernen Archäologie Wikingersilber wieder auf, weil einige Hofbesitzer das Versteck offensichtlich kannten oder es wiederentdeckt hatten. Besonders im 16. Jahrhundert sah man auf vielen Höfen neue Silberpokale in den guten Stuben. Zumindest einige von ihnen scheinen aus eingeschmolzenen alten Silbermünzen gemacht worden zu sein. Und sicherlich ist noch der eine oder andere Schatz in Gotlands Boden verborgen ...

12. Bauern, Kalkpatrone und abgeholzte Wälder: Die Entwicklung der Kalkindustrie

Gotland wird schwedisch

Nach dem Frieden von Brömsebro war Gotland 1645 schwedisch geworden. Wirtschaftlich ging es langsam bergauf. Gotland durfte Repräsentanten in den schwedischen Reichstag entsenden, erhielt mit Åke Hansson Ulfsparre seinen ersten schwedischen Regierungspräsidenten (schwedisch „landshövding“) und Visby einen schwedischen Bürgermeister. Die höheren Verwaltungs- und Regierungsposten wurden mit Schweden besetzt. Eine Kaufmannsgilde entstand (wieder) im Jahr 1682, ebenso eine Schiffergilde im Jahr 1694. Visby erhielt wieder das Recht, mit dem Ausland Handel zu treiben. Schwedisches Recht löste das dänische ab. Das Land wurde neu vermessen. In den nächsten Jahrzehnten wurde eine darauf basierende neue, gerechtere Besteuerung eingeführt. In den Kirchen sollten die Predigten nun in schwedischer Sprache gehalten werden und die Kinder mussten in den Schulen den Katechismus jetzt auf Schwedisch lernen.

Es kamen wieder ausländische Kaufleute nach Visby, viele aus den durch den Dreißigjährigen Krieg verheerten deutschen Ländern, etwa der Kaufmann Hans Burmeister, dessen Wohnhaus in Visby heute noch erhalten ist (s. S. 143 f.). Die schwedische Regierung sah dies nicht ungern, denn dadurch wurden neue Märkte zugänglich. Auch bildeten die Deutschen zunächst ein willkommenes Gegenelement zu allem Dänischen. Die merkantilistische Politik des schwedischen Staates förderte die Ansiedlung von frühen Industrien und den Handel. Die Folgen der unruhigen Zeiten vorher waren jedoch allzu deutlich sichtbar. Eine königliche Kommission, die Visby 1665 besuchte, berichtete, dass die Stadt von See her so imponierend aussähe wie Venedig oder Amsterdam, aus der Nähe aber ähnele sie mehr dem zerstörten Troja.

1700 bis 1721 kam es zum Großen Nordischen Krieg um die Vormachtstellung in der Ostsee, an dem Schweden und Russland beteiligt waren. Wiederholt überfiel die russische Flotte die gotländische Küste. Dieser Krieg endete 1721 mit dem Frieden zu Nystad. Danach folgte eine längere Friedensperiode. Der Handel mit Kalk, Holz, Teer und Wolle blühte wieder auf und damit kam neuer Wohlstand.

Der gotländische Kalkstein ist für die Insel ein wichtiger Rohstoff. Er findet sich als Mauerstein oder Fußbodenfliese in historischen Gebäuden verschiedener Epochen und wurde in viele Ostseeländer exportiert. In ganz Norddeutschland gibt es beispielsweise in alten Kirchen Taufsteine aus Gotlandkalk. Die Kalkindustrie ist und war ein wichtiger Wirtschaftsfaktor. Schon im Mittelalter wurde der Kalk auch für die Herstellung von Mörtel verwendet.

Ursprünglich wurde der Kalk bis zur Mitte des 17. Jahrhunderts lokal von den einzelnen Bauern abgebaut und in kleinen Öfen überwiegend für den Eigenbedarf gebrannt. Kalkgestein exportierte man meist unbearbeitet. Später verwendete man größere Öfen und das Kalkbrennen wurde nicht mehr hauptsächlich für den Eigenbedarf, sondern in großem Maßstab besonders für den Export betrieben. Kalkbrüche und Öfen entstanden in der Regel in der Nähe geeigneter Häfen. Im 17. und 18. Jahrhundert wurden vermehrt Bürger und Kaufleute aus Visby zu Steinbruchbetreibern beziehungsweise „Kalkpatronen" und machten einträgliche Geschäfte. Viele Kalkpatrone zogen zu ihren Steinbrüchen und Kalköfen hinaus aufs Land und gelangten zu großem Reichtum. Sie kauften Land und ließen sich luxuriöse Häuser bauen. Viele investierten auch in andere Branchen, beispielsweise in eigene Schiffe. 1733 gab es auf Gotland etwa 76 Kalköfen, 1885 schon etwa 200.

Historische Kalköfen und Kalkschuppen in Barläst nordöstlich von Slite. Von Barläst aus wurde bis zum Anfang des 20. Jahrhunderts Kalk exportiert.

Da die Öfen zunächst mit Holz befeuert wurden, war die Kalkindustrie eine Gefahr für die gotländischen Wälder, die zu diesem Zweck rücksichtslos abgeholzt wurden. Ab dem Ende des 19. Jahrhunderts wurde Kohle verwendet. In den älteren Kalköfen wurde Brennholz auf dem Boden geschichtet und Kalkstein wie ein Gewölbe darübergelegt. Drei bis vier Tage brannte der Ofen. Nach dem Abkühlen wurde der gebrannte Kalk zum Kalkschuppen gebracht und dort mit Wasser begossen: Der Kalk wurde „gelöscht“. Die moderneren Schachtöfen konnten kontinuierlich betrieben werden.

Sowohl der Abbau und der Transport des Kalksteins als auch das Befördern und Löschen des gebrannten Kalks waren sehr ungesunde Tätigkeiten. Der ätzende, alkalische Staub setzte sich auf der Haut der Arbeiter ab und führte zu Haut- und

Ruine eines historischen Kalkofens auf Alnäsaudden, Fårö

Schleimhautläsionen sowie zu Ekzemen. Auch das Lungengewebe wurde geschädigt. Quetschungen an Fingern und Händen sowie Rückenschäden durch das Hantieren mit dem schweren Gestein waren verbreitet. Die Arbeiter in der Kalkindustrie wurden früher nur schlecht bezahlt. Das soziale Gefälle zwischen den Kalkpatronen und ihren Angestellten war beträchtlich. Häufig waren die Arbeiter im Winter arbeitslos, weil der Kalkabbau und das Kalkbrennen als Saisonarbeiten betrieben wurden.

Früher gab es auf Gotland viele kleinere Kalksteinbrüche, heute hingegen wenige sehr große, zum Beispiel in Slite im Nordosten der Insel oder bei Storugns nahe Kappelshamn im Norden. Moderne Maschinen erleichtern jetzt die Arbeit. Schwedens größte Zementfabrik befindet sich in Slite. Von dort werden Kalk-Erzeugnisse in den ganzen Ostseeraum verschifft.

Die riesigen Anlagen der Zementfabrik in Slite sind weithin sichtbar und bestimmen das Ortsbild.

In der hellen Sommersonne wirkt der nackte Kalkstein in den aktiven Steinbrüchen Gotlands wie eine Wüstenlandschaft.

Besondere Biotope – alte Steinbrüche

Auf Gotland findet man nicht nur einige aktive, sondern auch viele aufgegebene Steinbrüche. Im Lauf der Zeit siedeln sich in diesen aufgelassenen Gruben Pflanzen und Tiere wieder an, auch ohne forcierte Renaturierung. Für einige von ihnen sind Steinbrüche sogar ein idealer Lebensraum. Dies gilt besonders für die sogenannten Ruderalpflanzen, die gern an Wegrändern und auf Schutthaufen wachsen. Auf sonnigen Felsvorsprüngen gedeihen trockenheitsresistente Pflanzen wie der Scharfe und der Weiße Mauerpfeffer. In den Steilwänden der Steinbrüche kann man zahlreiche Vögel beobachten. Steinschmätzer und Bachstelzen bevorzugen Nistplätze in den Hohlräumen der Steinbruchwände oder in Steinhaufen. Auch Dohlen und Raubvögel bauen ihre Nester in den Steilwänden. Schwalben „kleben" ihre Lehmnester unter geschützte Vorsprünge. Sogar Sand- und Flussregenpfeifer brüten auf den Schotterflächen alter Steinbrüche.

Am Grund der Gruben steht im Winterhalbjahr häufig Wasser; hier siedeln sich Seggen und manchmal sogar Orchideen wie die Fleischfarbene Fingerwurz an. Schwalben sammeln Schlamm, um damit ihre Nester zu bauen. In und an dauerhaft bestehenden Teichen in den ehemaligen Kalkgruben leben unter anderem Frösche, Molche und Libellen.

Auf der Sohle eines alten Steinbruchs wächst Fleischfarbene Fingerwurz.

Außer Kalkstein finden sich auf Gotland auch noch Ton, Mergel und Sandstein. An der Südwestküste in Kettelviken liegen alte Steinbrüche, wo der Burgsvik-Sandstein mindestens seit dem Mittelalter gebrochen wurde. Dieser hellgraue Kalksandstein wurde für viele Gebäude vor allem auf Südgotland verwendet, aber auch exportiert. Er lässt sich leicht bearbeiten. Viele Paläste und repräsentative Gebäude in Dänemark und Schweden wurden aus Burgsvik-Sandstein errichtet oder mit Verzierungen aus diesem Sandstein versehen. Das Gestein eignet sich außerdem für die Herstellung von Portalen, Kamineinfassungen, Taufsteinen, Grabmonumenten, Altären und Mühlsteinen. 1873 wurde „Gotlands Slipstensbolag" gegründet. Sie fertigte aus Burgsvik-Sandstein Mühl-, Schleif- und Wetzsteine.

Erlebnistipp:

Gotlands Steinindustrie

Bläse Kalkbruksmuseum: In Bläse nördlich von Storugns gibt es auf dem Gelände eines stillgelegten Kalkwerks ein interessantes Museum, das sich mit der Geschichte der Kalkindustrie auf Gotland befasst. Neben Brennöfen und Kalkschuppen ist sogar noch die werkseigene Eisenbahn erhalten. Außerdem gibt es Informationen über das Leben der Arbeiter, die hier früher tätig waren.

Das Kalkbruksmuseum von Bläse zeigt die Geschichte der Kalkindustrie auf Gotland.

Steinmuseum Kettelviken: In Kettelviken, direkt an der Küstenstraße, die von Burgsvik nach Hoburgen führt, liegt das Schleifsteinmuseum, in dem während der Hochsaison die alten Techniken der Sandsteingewinnung und -verarbeitung gezeigt werden. Eine Besichtigung der Außenanlagen mit Vorrichtungen zum Sandsteinabbau und Mühlsteinen ist auch außerhalb der Öffnungszeiten möglich. Im Gelände sieht man Reste der alten Steinbrüche und kann am Strand nach Sandsteinplatten mit erhaltenen Wellenrippeln oder Fossilien Ausschau halten.

Inmitten der alten Sandsteinbrüche liegt das Steinmuseum von Kettelviken.

Ein ganz besonderes Hotel: Auf der Halbinsel Furillen wurden Kalkindustrieanlagen zu einem Designhotel umgebaut. Hier kann man in einer ganz besonderen Atmosphäre übernachten!

13. Linné auf Gotland: Der „Blumenkönig" und seine Studenten auf Forschungsreise

Carl von Linné (1707-1778) studierte Medizin und Naturwissenschaften. Er war ein Universalgelehrter, ein wissensdurstiger Mensch im Zeitalter der Aufklärung. Als Arzt, Forschungsreisender und Universitätsprofessor befasste Linné sich mit Botanik, Zoologie, Mineralogie, Paläontologie, der Lebensweise seiner Landsleute, der Anlage botanischer Gärten und der Systematisierung naturwissenschaftlicher Sammlungen.

Wissenschaftliche Namen für Pflanzen und Tiere

Linné erfand die binäre Nomenklatur und schuf die Grundlagen der modernen botanischen und zoologischen Systematik und Taxonomie. Er gab Pflanzen und Tieren jeweils einen – lateinischen oder latinisierten – Gattungs- und einen Artnamen.

Beispiel:
Gänseblümchen = *Bellis perennis. Bellis* ist der Gattungsname, *perennis* der Artname.

Die einheitlichen wissenschaftlichen Bezeichnungen machten es danach möglich, dass Menschen, die verschiedene Sprachen sprechen, durch den einheitlichen lateinischen Namen genau wissen, welche Pflanze oder welches Tier gemeint ist. Linné arbeitete zeit seines Lebens daran, eine Systematik des Pflanzenreiches aufzustellen, wobei er die Pflanzen nach ihrem Blütenaufbau und anderen Eigenschaften ihres Erscheinungsbildes ordnete. Linnés Erkenntnisse werden heute unter anderem durch die chemische Analyse der Pflanzeninhaltsstoffe und die Genanalyse ergänzt und weiterentwickelt.

Als junger Mann unternahm Linné unter abenteuerlichen Bedingungen und unter vielen Strapazen eine Forschungsreise in den hohen Norden Schwedens. Mit dieser „Lappländischen Reise" erwarb er sich frühen Ruhm. 1741 erhielt er von den schwedischen Reichsständen den Auftrag, die Ostseeinseln Öland und Gotland zu bereisen. Linnés Aufgabe war es, die natürlichen Ressourcen (Gesteine, Pflanzen, Tiere) der Inseln im Hinblick auf ihren wirtschaftlichen Nutzen zu untersuchen. Es ging auch darum, Ausgangsstoffe für die Herstellung von Porzellan zu finden, das zu dieser Zeit in Schweden ein teures Importgut war. Außerdem sollte ermittelt werden, welche Arznei- und Färberpflanzen es dort gab.

Linné wurde von sechs seiner Studenten begleitet. Nachdem sie zunächst Öland besucht hatten, schifften sie sich nach Gotland ein. Sie gingen in Visby an Land, wo Linné sich von den mittelalterlichen Bauten sehr beeindruckt zeigte. Der Aufenthalt auf Gotland war keine Vergnügungsreise. Bei der Anreise hatte es Verzögerungen gegeben, und Linné befürchtete, die Blütezeit vieler Pflanzen sei schon vorüber. Die Arbeitstage Linnés und seiner Begleiter waren daher sehr lang und anstrengend, ihre Nachtruhe kurz, um möglichst viel zu sehen und zu erkunden. Ein Hauptaugenmerk lag auf den Pflanzen. Linné interessiert sich jedoch auch für die Bauweise gotländischer Häuser, die Haus- und Wildtiere, die Besonderheiten der Böden und der Landwirtschaft, den Fischfang, die Robbenjagd oder die örtlichen Gebräuche. Er berichtet darüber hinaus von Wetterphänomenen wie dem Seenebel, der besonders an Frühjahrs- und Frühsommertagen auch heute noch von der Ostsee her in Schwaden über die Insel zieht.

An Gotlands Stränden fand Linné fossile Korallen, beispielsweise nördlich von Visby oder an der Ostküste der Kappelshamn-Bucht. Später, im Jahr 1745, veröffentlichte er zusammen mit seinem Schüler Henric Fougt eine reich mit Abbildungen versehene wissenschaftliche Abhandlung über diese unter dem lateinischen Titel „Corallia baltica". Auch andere Fossilien fanden sein Interesse. Er beschrieb in seinem Reisetagebuch unter anderem Brachiopoden, Trilobiten, Schnecken, Seelilien und Stromatoporen.

Auf den Kliffs oberhalb der Kirche von Östergarn erinnern diese Figuren an den Besuch Carl von Linnés und seiner Schüler im Jahr 1741.

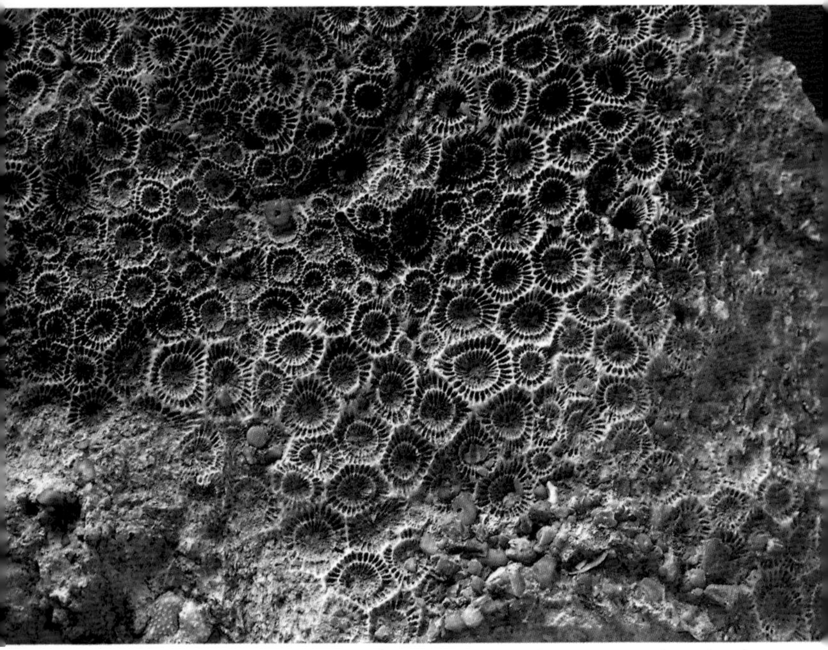

Die fossile Koralle Acervularia ananas (früherer Name: Madrepora ananas) wurde schon von Linné und seinen Schülern auf Gotland entdeckt und untersucht. Eine Abbildung findet sich in der Schrift „Corallia baltica" von 1745.

Die Geologie und die Paläontologie steckten zu Linnés Zeit noch in den Kinderschuhen. Die christliche Vorstellung, dass die Erde mit all ihren Tieren und Pflanzen in sieben Tagen erschaffen worden sei, behinderte die Gewinnung neuer Erkenntnisse über die Entwicklungsgeschichte der Lebewesen. Man glaubte im 18. Jahrhundert, dass die Erde nur einige Tausend Jahre alt sei und dass es sich bei Fossilien („Petrefakten") um Lebewesen handele, die während der Sintflut umgekommen waren. Andere Vorstellungen gingen davon aus, dass Versteinerungen durch unbekannte, formende Kräfte im Untergrund gebildet würden. Trotzdem wurden Fossilien gesammelt und in der Wissenschaft heiß diskutiert. Sie wurden von Fürsten für ihre Naturalienkabinette gekauft, Apotheker und Ärzte erwarben sie für ihre Privatsammlungen. Aus einigen Fossilien gewann man sogar Heilmittel, deren Wirkung allerdings überwiegend zweifelhaft war. Dass die gotländischen Fossilien aus heutiger Sicht mehr als 400 Millionen Jahre alt sind, war in Linnés Zeit noch undenkbar. Linné selbst glaubte anfangs sogar noch, dass es sich bei den gotländischen Korallen um Organismen handele, die aktuell in der Ostsee lebten, aus der sie an die Strände gespült worden seien. Später änderte er jedoch seine Auffassung.

Wie lebenden Pflanzen und Tieren gab er auch den fossilen Korallen Gattungs- und Artnamen.

1745 veröffentlichte Linné sein Reisetagebuch, den überarbeiteten Bericht über seine Beobachtungen auf den beiden großen schwedischen Kalksteininseln: die „Öländische und Gotländische Reise". Liest man heute darin, kommt einem Vieles bekannt vor. Schon Linné berichtete von den Vogelkolonien auf den Karlsinseln, den Eiderenten an Gotlands Küsten oder dem prächtigen Apollofalter. Die Pflanzen, die er antraf, wachsen vielerorts noch heute auf Gotland, oft an gleicher Stelle: die gelbblühende stattliche Färberpflanze Waid (s. S. 195) etwa an den Stränden oder der stark nach Knoblauch duftende Bärlauch in Lummelunda. Auch Linné machte sich schon Gedanken über die Entstehung der Raukfelder, die er unter anderem in Kyllaj besichtigte und auch in seinem Tagebuch skizzierte.

14. Kalksteinmauern, Schilfdach und geteertes Holz: Historische Häuser und Höfe

Auf Gotland gibt es auch außerhalb von Visby eine erstaunliche Vielzahl interessanter historischer Gebäude aus verschiedenen Epochen. Überall trifft man auf Reste alter Hausfundamente. Viele Reste von Steinhäusern aus dem Mittelalter sind bekannt. Ein Grund dafür ist, dass Gotland schon immer vergleichsweise dünn besiedelt war und viele Flächen über lange Zeiträume nur extensiv genutzt wurden. Andernorts wären diese Flächen schon längst überbaut worden. Eine andere Ursache ist der trockene Kalksteinuntergrund, der vieles lange bewahrt.

Die ältesten Hausfundamente stammen aus der Zeit kurz vor oder um Christi Geburt. Es sind sogenannte Langhäuser von bis zu 60 Metern Länge. Sie hatten mächtige steinerne Wände, etwa 1 bis 1,5 Meter dick. Die Wände trugen wahrscheinlich ein Reetdach, das innen zusätzlich mit Reihen von Holzpfosten abgestützt wurde. An zentraler Stelle brannte ein Feuer, dessen Rauch durch eine Klappe im Dach austrat. Der Eingang befand sich in einer der kürzeren Seiten des rechteckigen Grundrisses. Die Langhäuser beherbergten nicht nur die Menschen, sondern auch das Vieh. Da von diesen Häusern nur noch die mächtigen steinernen Grundmauern erhalten sind, dachten die Menschen in früheren Zeiten, es handele sich um die Gräber von Riesen (schwedisch „kämpgravar“). Eine Rekonstruktion eines solchen eisenzeitlichen Hauses, die „Lojstahalle“, kann man in Lojsta besichtigen, eine weitere in Vinkels bei Sjonhem.

In Valhagar nahe Fröjel befindet sich auf einer großen Waldlichtung eine Stelle, wo von etwa 100 nach Christus bis ins 6. Jahrhundert hinein eine eisenzeitliche Siedlung mit mehreren Höfen stand. Man kann sich heute die dicken Grundmauern der Langhäuser sowie Reste von Begrenzungsmauern und Nebengebäuden ansehen, die dort ausgegraben wurden. Archäologische Untersuchungen brachten in Vallhagar reiche Funde zutage, darunter viele Tierknochen, aus denen man daraus schließen konnte, dass die Bewohner dieser Siedlung Viehzucht betrieben und zahlreiche Haustiere hatten. In erster Linie betrieben sie Schafzucht, aber auch Schweine, Rinder, Pferde, Hühner und sogar Hauskatzen wurden gehalten. Auf kleinen Äckern nahe den Häusern wurden Weizen, Roggen und Lein angebaut. Wichtige Nebenbeschäftigungen waren die Jagd und das Sammeln von Beeren und Nüssen in der Umgebung. Im 6. Jahrhundert wurde Vallhagar plötzlich verlassen - ohne dass man genau weiß, warum. Man fand jedoch Hinweise auf einen Brand. Vielleicht spielten sich hier kriegerische Auseinandersetzungen ab. Überbevölkerung, Klimaverschlechterung, eine gefährliche Seuche oder ein verheerendes Feuer könnten andere Erklärungen sein.

Eisenzeitliche Hausfundamente von Vallhagar nahe Fröjel

In der Wikingerzeit bis ins Mittelalter hinein wurden überwiegend Holzhäuser gebaut. Ab dem 12. Jahrhundert entstanden auch Wohnhäuser aus Stein, nicht zuletzt finanziert durch die Geschäftserfolge der handeltreibenden Bauern. Nicht weniger als 175 Reste von mittelalterlichen Steinhäusern gibt es außerhalb von Visby. Durch den Bau der Kirchen waren Handwerker aus Mitteleuropa und anderen fernen Gegenden auf die Insel gekommen. Von ihrer Handwerkskunst gingen Anregungen auch für den Bau von Wohnhäusern aus. Im 14. Jahrhundert nahm der Reichtum wieder ab und es wurden wieder vermehrt Holzhäuser gebaut.

Im Mittelalter gab es auf Gotland kein eigentliches Feudalsystem, wie es in anderen Teilen Schwedens und Europas üblich war. Ein Adel war kaum vorhanden. Unter der Landbevölkerung gab es Freie mit Landbesitz, darunter auch Großbauern. Freie ohne Landbesitz standen häufig in deren Diensten. Die unterste Bevölkerungsschicht bildeten Sklaven beziehungsweise Leibeigene. Die Sklaverei verschwand jedoch im 14. Jahrhundert weitgehend. Die landbesitzenden freien Bauern konnten mit ihren Familienverbänden unabhängig wirtschaften. Zu besonderem Wohlstand brachten es häufig die Händlerbauern, die nebenbei noch Handel trieben. Üblich waren Einzelgehöfte. Die Bauernhöfe hatten außer dem Wohnhaus zahlreiche Nebengebäude, beispielsweise Viehstall, Scheune, Vorratshaus, Brauhaus oder Schmiede.

Einige der mittelalterlichen Steinhäuser und Höfe reicher Händlerbauern sind in Teilen noch erhalten, darunter Kattlunds im Süden der Insel oder Stora Hästnäs nördlich von Visby. Von anderen existieren noch Ruinen.

Erlebnistipp:

Höfe reicher Händlerbauern

Kattlunds entstand in der ersten Hälfte des 13. Jahrhunderts in günstiger Lage. Sowohl nach Osten als auch nach Westen liegt das Meer nur wenige Kilometer entfernt, ideal für einen Händlerbauern. Heute ist der gut erhaltene Hof ein Museum und kann besichtigt werden. Von außen wirkt das Gehöft beinahe wie eine Festung, denn außergewöhnlich lange und große Stall- bzw. Scheunengebäude aus grauem Kalkstein und mit uralten Holzbalken schirmen den Hof von der Straße ab. Das Wohnhaus wurde im Lauf der Jahrhunderte mehrfach umgebaut. Im Mittelalter hatte es einen Treppengiebel. Im Innenhof befindet sich ein Heilkräutergarten, nach Osten hinaus erstreckt sich eine schöne Obstwiese. Südöstlich des Hofes liegen in einem Hügel die Reste eines vierseitigen Kastals, eines Wehrturms, der den Hofbewohnern bei Angriffen als Zuflucht diente.

Stora Hästnäs ist ein weiteres großes Steinhaus eines reichen Händlerbauern. Mit seinen grauen Kalksteinwänden, dem Treppengiebel und den Bogenfenstern ähnelt es sehr den Packhäusern Visbys. Man verwendete es sowohl als Wohnhaus als auch als Lager. Stora Hästnäs wurde seit dem Mittelalter umgebaut. Heute befindet es sich in Privatbesitz, man kann es nur von der Straße aus ansehen.

Wirtschaftsgebäude von Kattlunds, einem Händlerbauernhof aus dem Mittelalter. Die eigenartigen dunklen Holzkästen und die kleinen Dächer aus Steinplatten sollen die darunterliegenden alten Holzbalken vor dem Verrotten schützen.

Von einigen weiteren mittelalterlichen Höfen der Händlerbauern blieben Reste erhalten, etwa Bringes zwischen Ganthem und Norrlanda, Fardume bei Valleviken oder Vatlings bei Fole.

Auf der Obstwiese von Kattlunds gedeihen alte gotländische Apfelsorten.

Nach dem Frieden zu Nystad 1721 folgte eine längere Friedenszeit für Gotland. Der Export von Holz, Teer, Stein und Kalk brachte einen wirtschaftlichen Aufschwung. Es entstanden Sägemühlen und neue Kalköfen. Seit dem Ende des 18. Jahrhunderts prosperierten gotländische Reedereien, zum Beispiel das Handelshaus Donner mit Sitz in Visby, Ljugarn und Klintehamn.

Ab dem 18. Jahrhundert entstanden wieder vermehrt Steinhäuser. Um die gotländischen Wälder vor der Abholzung zu schützen und auch um die Brandgefahr zu mindern, gab es für den Bau eines Steinhauses von der Krone ab 1757 eine Steuerbefreiung für 20 Jahre. Die Dächer der Wohnhäuser wurden häufig mit Brettern oder Steinplatten gedeckt. Je nach der Lage auf der Insel wurde Kalkstein oder Sandstein verwendet. Innen- und Außenwände wurden verputzt und mit Kalkfarbe gestrichen - ebenfalls ein heimisches Produkt. Linné berichtet bei seinem Besuch auf der Insel im Jahr 1741 von vielen, gut instandgehaltenen, weiß getünchten Steinhäusern.

Viele Nebengebäude hatten Dächer aus „ag" (Binsenschneide, Schneidried), einem schilfartigen Sauergras. Eine viel genutzte Bautechnik war auch das „bulhus". Dabei wurden zunächst die Eckpfosten aufgestellt, in deren Nut behauene Planken horizontal eingefügt wurden. Mit einem Teeranstrich schützte man das Holz vor

dem Verrotten. Solche „Bohlenhäuser“ findet man auch heute noch auf Gotland, etwa in den alten Wohnvierteln Visbys oder als Nebengebäude auf dem Land. Gezimmerte Holzhäuser wie auf dem schwedischen Festland kamen auch vor.

Sehr sehenswert ist das Freilichtmuseum in Bunge ganz im Norden Gotlands, in dem u. a. Gebäude aus verschiedenen Epochen erhalten sind. Es wurde zu Beginn des 20. Jahrhunderts gegründet und zeigt, wie die Landbevölkerung Gotlands früher lebte. Es gibt jeweils eine

„Bulhus“ aus geteertem Holz in Visby

Das Museum von Bunge beherbergt zahlreiche historische gotländische Höfe und Gebäude.

Hofanlage aus dem 17., 18. und 19. Jahrhundert mit originalgetreu eingerichteten Wohn- und Wirtschaftsgebäuden und Werkstätten. Weiterhin kann man sich hier historische Wind-, Wasser- und Sägemühlen ansehen. In einer Fischerhütte kann man erleben, wie arme Leute wohnten. Besonders interessant sind die zahlreichen seltsam erscheinenden Gerätschaften, die in vergangenen Zeiten in Gebrauch waren. Heute sind sie kaum noch bekannt, wie beispielsweise hölzerne Feuerspritzen (um kleinere Brände zu löschen) oder Fischgabeln (um Fische zu fangen, indem man sie aufspießt). Auch einige Bildsteine (s. S. 34 ff.) werden ausgestellt. In einer Cafeteria auf der anderen Straßenseite kann man ausruhen und gotländische Spezialitäten genießen.

Einige historische Höfe auf Gotland wurden von Kultur- und Heimatvereinen gekauft, um sie als Museen zu erhalten. Es ist sehenswert, wie die Menschen früherer Zeiten mit Naturmaterialien und einfachen Mitteln handwerklich schöne, langlebige und nützliche Gebäude und Gebrauchsgegenstände anfertigten. Die alten Geräte und Methoden der Landwirtschaft und des Gartenbaus sind ebenfalls sehr interessant. Andere historische Höfe sind heute in Privatbesitz. Man kann sie nur von außen betrachten, z. B. den Hof Bondans auf Fårö. Gotlands Lantbruksmuseum in Havdhem zeigt alte landwirtschaftliche Maschinen und Haushaltsgeräte, historische Werkstätten und die Geschichte der gotländischen Landwirtschaft. Die Museumshöfe bieten im Sommer oft die Möglichkeit, eine Kleinigkeit zu essen oder in schöner Atmosphäre Kaffee und Kuchen zu genießen. Auch wird schönes lokales Kunsthandwerk zum Kauf angeboten.

Im Museumshof Petes kann man sich schöne Wohn- und Wirtschaftsgebäude mit vielen original erhaltenen Möbeln, Werkzeugen und Gebrauchsgegenständen ansehen.

Der Bottarvegård im Süden Gotlands ist Museumshof und Kulturzentrum.

Groddegården war früher ein Bauernhof und gleichzeitig ein Gasthaus, in dem Musik dargeboten wurde.

Erlebnistipp:

Das Freilichtmuseum Bunge und Museumshöfe

Interessante Ausflugsziele sind:

Freilichtmuseum Bunge: ein Highlight für Kulturinteressierte; historische Bauernhöfe, Wohnhäuser, Werkstätten und Mühlen auf einem parkartigen Gelände mit Wiesen und alten Bäumen

Petes bei Hablingbo: Hof aus dem 18./19. Jahrhundert mit idyllischem Garten und schöner Aussicht auf die Strandwiesen und die Ostsee

Bottarvegård südlich von Burgsvik: Hof aus dem 18./19. Jahrhundert, Kulturzentrum

Groddegården bei Fleringe: Gasthof und Spielmannshof aus dem 18. Jahrhundert, im Sommer Musikveranstaltungen

Norrlanda Fornstuga bei Norrlanda: Gebäude und Alltagsleben aus dem 18. Jahrhundert

Norrbys Museigård bei Väte: Alltagsleben in den 1940er Jahren mit erhaltener Schmiede und Wassermühle

Vike südlich von Slite: Hof aus dem 17./18. Jahrhundert mit Kräuter- und Hopfengarten und Strandbuden

Zäune und Einfriedigungen wurden (und werden) auf Gotland meist aus Stein oder Holz gebaut. Vor allem im Süden und auf Fårö sind Trockensteinmauern weit verbreitet. Sie bestehen aus aufgeschichteten Kalk- oder Sandsteinplatten oder auch aus Geschiebeblöcken[1]. Sehr oft sieht man jedoch die typischen schwedischen Holzzäune. Sie werden aus gespaltenen oder grob zugehauenen, schräg angeordneten kleinen Bäumchen hergestellt, die mit dünnen Wacholderschösslingen an die Zaunpfähle gebunden werden („bandtäun"). Nur noch selten zu sehen ist der „standtäun", ein Zaun aus über Kreuz aufgestellten, manchmal am oberen Ende angespitzten Pfosten. Diese dienten früher auch zur Abwehr von Feinden - und waren ein guter Schutz gegen Schneeverwehungen.

Eine Besonderheit auf Fårö und in abgelegenen Gegenden Gotlands sind kleine Schafställe, „lambgift" genannt, die weit entfernt vom Gehöft einsam auf einer Weide stehen. Sie tragen meistens ein Dach aus „ag". Auf den Giebeln finden sich häufig gekreuzte Äste, die Schaden vom Weidevieh abhalten sollen.

1 Geschiebe sind Gesteine, die durch Eis bzw. Gletscher von einem Ort zu einem anderen transportiert wurden, zum Beispiel während der Eiszeiten, s. auch S. 221 ff.

Der „bandtäun", ein haltbarer Zaun ganz aus Naturmaterialien, passt gut in die gotländische Landschaft.

Der „standtäun" hält unerwünschte Eindringlinge fern.

In traditioneller Bauweise errichtet: „Lambgift" auf Fårö.

Auf Gotland und Fårö stehen vielerorts noch historische Windmühlen - in verschiedenen Stadien der Erhaltung. Viele werden liebevoll gepflegt und instandgehalten, von anderen stehen nur noch die verfallenen, steinernen oder hölzernen Rümpfe; wieder anderen fehlen einzelne oder auch mehrere Flügel. Da auf Gotland der Wind meistens sehr kräftig weht, ist die Insel für diese Art der Energienutzung sehr geeignet. Mühlen haben hier eine lange Tradition. Es gab sie schon im Mittelalter. Besonders viele historische Mühlen befinden sich im Süden Gotlands und auf Fårö.

Die modernen Nachfolger der alten Windmühlen stehen heute beispielsweise auf Näsudden im Südwesten Gotlands. Dort befindet sich auf einer Halbinsel ein riesiger Windpark, in dem Windenergie erzeugt wird. Weitere Windkraftanlagen finden sich unter anderem im Nordosten Gotlands und offshore in der Ostsee. Die Insel erzeugt aktuell etwa 50 % ihres gesamten Energiebedarfs mit Windkraft.

Auf Fårö sieht man noch besonders viele historische Windmühlen, wie hier in Dämba.

In Hundlausar südlich von Burgsvik stehen gleich drei alte Windmühlen auf einer Weide.

Moderne Windenergieanlagen auf Näsudden

Schmuggeln unerwünscht – als Zollbeamte noch Strandritter hießen

1649 wurde auf Gotland eine Zollinspektion eingerichtet. Zollinspektoren überwachten fortan die Ein- und Ausfuhr von Waren und die ordnungsgemäße Bezahlung der Zölle. Sie waren jeweils für einen bestimmten Küstenabschnitt zuständig, den sie regelmäßig zu Fuß oder zu Pferd kontrollierten. Daher hießen sie „strandridare" (Strandreiter oder Strandritter). Weiterhin war es ihre Aufgabe, die Plünderung von havarierten oder gestrandeten Schiffen zu verhindern. Für die Überwachung der Schifffahrt standen den Strandrittern mancherorts Boote oder Zolljachten zur Verfügung.

Die Bauern des jeweiligen Bezirks hatten dem Strandritter ein Wohnhaus mit angemessener Ausstattung zur Verfügung zu stellen. In einigen Orten auf Gotland gibt es noch heute einen historischen Strandritterhof („strandridaregård"), etwa in Kyllaj, Klintehamn, Katthammarsvik oder Ljugarn.

Gebäude des historischen Strandritterhofs von Kyllaj

Gutamål

Auf Gotland spricht man heute schwedisch, aber einige Gotländer verwenden zum Teil lokale Dialekte und eine eigene Sprache, nämlich Gutamål. Gutamål geht auf die gutnische Sprache zurück, die sich etwa zwischen 800 und 1.000 nach Christus von den übrigen nordischen Sprachen abspaltete und auf Gotland vom 10. bis zum 16. Jahrhundert gesprochen wurde. Ein Verein, die Gutamålsgilde, bemüht sich heute um die Bewahrung und Weiterentwicklung der Inselsprache. Eine genaue wissenschaftliche Unterscheidung zwischen lokalen Dialekten der schwedischen Sprache und Gutamål beziehungsweise Gutnisch ist jedoch nicht möglich.

15. Bauern auf Heringsfang: Fischersiedlungen

In kleinen Buchten, auf Landzungen, aber auch an kargen Steinstränden findet man auf Gotland und der Nachbarinsel Fårö vielerorts Ansammlungen kleiner „Buden" und Bootsschuppen aus Holz oder Kalkstein. Es waren ursprünglich keine echten Siedlungen, sondern Fischerstellen (schwedisch „fiskeläge"), die früher von den gotländischen Bauern für den saisonalen Fischfang genutzt wurden. Für einige Wochen im Frühjahr und Herbst wurde Fisch gefangen und eingesalzen oder geräuchert, um den Speiseplan aufzubessern. Die Fischersiedlungen waren also meist nur periodisch bewohnt.

Im 19. Jahrhundert nahm die Zahl der Bauern, die ihren Fisch selbst fingen, ab. Die an der Küste lebenden Bauern übernahmen die Versorgung mit Fisch, einige wurden Berufsfischer.

Durch die Technisierung der Fischerei wurden in diesem Wirtschaftszweig seit der Mitte des 20. Jahrhunderts jedoch immer weniger Arbeitskräfte benötigt. Heute spielt der kommerzielle Fischfang auf Gotland keine große Rolle mehr. Die historischen Fischerbuden werden jetzt als Boots- und Ferienhäuser überwiegend für die Freizeit genutzt.

Mancherorts blieben hinter den Buden noch die sogenannten Netzgärten erhalten. Dies sind in Reihen angeordnete Stangen aus jungen Baumstämmen, auf denen früher die Netze getrocknet wurden. An einigen Fischerstellen baute man Molen zum Schutz vor der Brandung oder Slipanlagen aus Steinplatten, damit man die Boote besser anlanden konnte.

Von Djupvik Fiskeläge aus fing man früher vor allem Hering und Dorsch.

Eiserner Feuerkorb, Kronvald Fiskeläge, Eksta-Küste. Früher dienten einfache Leuchtfeuer als Wegweiser für die Fischer.

Viele der Fischerstellen sind landschaftlich schön gelegen. Die alten, dunkel geteerten Buden und Schuppen und die kleinen grauen oder weiß getünchten Kalksteinhäuschen vermitteln eine besondere Stimmung. Manche besitzen nach alter Art Dächer aus hölzernen Schindeln, andere aus Kalk- oder Sandsteinplatten (gotländisch „flis“).

Helgumannen Fiskeläge auf Fårö ist wohl die bekannteste Fischerstelle weit und breit. Es liegt an einem weiten, kargen, hellen Steinstrand am offenen Meer, dem rauen Wind und der gleißenden Sonne ausgesetzt. Einige alte Boote liegen auf dem Strand. Ihr geteertes Holz ist in allen Farbtönen von Dunkelbraun bis Silbergrau verwittert. Helgumannen dient regelmäßig als Film- und Fotokulisse und fehlt in keinem Gotland-Werbeprospekt.

Historischer Netzgarten in Nyhamn. Auf diesen Stangen wurden früher die Fischernetze getrocknet.

Strandbude mit Steinplatten als Dach, Vitvärs bei Ljugarn

Helgumannen auf Fårö - meistfotografierte Fischerstelle mit Kultstatus

Einsame Fischerbuden an Gotlands Nordküste

Erlebnistipp:

„Fiskeläge" – Nostalgie am Meer

Die alten Fischerstellen haben eine eigentümliche Atmosphäre. Man kann viel Interessantes entdecken: alte Boote, historisches Gerät für den Fischfang oder viele, liebevoll in Eigenarbeit gefertigte Details an den Hütten. Einige bieten Anlegemöglichkeiten für Segel- und Sportboote. In anderen Fischerstellen wie etwa Lickershamn werden Räucherfisch und andere leckere Spezialitäten verkauft, sodass man den Besuch gut mit einer Essenspause verbinden kann. Die Fischersiedlung Kovik nahe Klintehamn ist als kleines Museum eingerichtet.

Alte Holzboote werden auf Gotland nicht verschrottet. Man lässt sie am Strand liegen, bis sie ehrenvoll irgendwann von selbst zerfallen – oder sich die Ostsee die Reste holt.

Ein Fischkopf bildet eine originelle Verzierung an einer Strandbude in Ireviken.

Rustikale Tür, Vitvärs Fiskeläge bei Ljugarn

16. Mehr Fläche für die Landwirtschaft: Die Entwässerung der Moore und das Ende der Wanderdünen

Im 18. Jahrhundert unterschied sich die Landwirtschaft auf Gotland noch kaum von der des Mittelalters. Die Äcker waren klein, die Erträge dürftig, die Gerätschaften altertümlich und vielfach noch aus Holz gefertigt. Die Bauern an den Küsten sammelten angetriebenen Tang („släke"), um ihn als Dünger auf ihren Feldern zu verteilen. Ansonsten fand Naturdünger wenig Verwendung. Ein Drittel des Ackerlandes lag jedes Jahr brach, damit sich der Boden erholen konnte. Die schweren, aber fruchtbaren mergeligen Böden waren schlecht zu bearbeiten, deshalb lagen viele Felder auf weniger ertragreichem Sand- und Kiesuntergrund. Drainagen und Entwässerungsgräben waren nicht üblich, da man der Meinung war, die Äcker würden dann austrocknen (was aus heutiger Sicht nicht falsch ist, siehe unten). Die Pferde und Rinder waren verhältnismäßig klein. Die Schafe wurden ganzjährig auf der Weide gehalten, wobei viele in kalten Wintern starben. Auf den Höfen wurden oft mehr Tiere gehalten, als durch Winterfutter versorgt werden konnten. Auch waren die gotländischen Höfe nicht spezialisiert: Man machte alles, was irgendwie möglich war, und übte viele Nebentätigkeiten aus, etwa den Fischfang, das Brennen von Teer und Kalk oder die Jagd.

Schon Ende des 18. Jahrhunderts drängte der fortschrittliche Landshövding Carl Otto von Segebaden die Bauern dazu, Moore zu entwässern und neue Felder anzulegen. Sie sollten neue Feldfrüchte anbauen, beispielsweise Kartoffeln, und moderne Pflüge aus Metall verwenden. Auch wurde über eine Flurbereinigung nachgedacht, damit die vielen kleinen Äcker zu größeren Flächen zusammengelegt und so effizienter bewirtschaftet werden konnten. Im Lauf der Jahrhunderte vorher war das Landeigentum durch Erbteilungen so zersplittert, dass manche Felder mehrere Kilometer von den Höfen ihrer Besitzer entfernt lagen. Einige hatten Land gleich in mehreren Kirchspielen. Die Ansätze zur Flurbereinigung wurden jedoch von den Bauern sehr kritisch gesehen, da sie fürchteten, ihre Höfe verlegen zu müssen und schlechteres Land zu erhalten, als sie ursprünglich besaßen. Doch ging es mit der Bodenreform langsam voran und bis etwa 1875 war sie im Wesentlichen durchgeführt.

Im 19. Jahrhundert erlebte die Landwirtschaft auf Gotland viele durchgreifende Neuerungen. Statt das Land in bestimmten Abständen brach liegen zu lassen, führte man die Fruchtfolge ein. Weitere Feldfrüchte wie Kartoffel, Zuckerrübe und Futterrübe wurden angebaut, neue Methoden der Düngung wurden erprobt. Ab ungefähr den 1880er Jahren verwendete man auch industriell hergestellte (Kunst-)Dünger. Neue Erfindungen, darunter frühe Dresch- und Mähmaschinen, ersetzten menschliche Arbeitskraft. Der altmodische Hakenpflug wurde durch metallene Wendepflüge ersetzt. In Landwirtschaftsschulen erhielten Bauern eine bessere Ausbildung. Die

Erträge stiegen. Um den Bedarf nach neuen Acker- und Wiesenflächen zu decken, wurden viele Moore und Feuchtgebiete durch den Bau von Gräben, Drainagen und Kanälen entwässert. Ursprünglich waren etwa 16 % der Fläche Gotlands von Mooren bedeckt. Heute sind es nur noch 7%. Immerhin etwa 20 % der aktuell bebauten Flächen Gotlands sind ehemalige Moore und Feuchtgebiete. Auch viele Waldflächen mussten neuen Feldern weichen.

Um 1900 war es möglich, auf den neu hinzugewonnenen Flächen vermehrt Futterpflanzen für das Vieh anzubauen. Damit wurden die traditionellen Laubwiesen (s. S. 178 ff.) nicht mehr benötigt, auf denen man seit Jahrhunderten Viehfutter nicht nur durch das Mähen von Gras, sondern auch durch das Ernten von belaubten Zweigen gewann. Ein Teil der Laubwiesen wurde in Ackerland umgewandelt, ein anderer Teil lag brach und wurde nach und nach mit Gebüsch und Bäumen überwuchert. Glücklicherweise werden wenigstens einige der ursprünglich auf Gotland vorhandenen Laubwiesen noch regelmäßig gemäht und gepflegt, sodass hier weit mehr von dieser alten Kulturlandschaft erhalten blieb als auf dem schwedischen Festland.

Noch bis weit in das 20. Jahrhundert hinein gewann man Viehfutter für den Winter auch dadurch, dass man Feuchtwiesen beziehungsweise Moorwiesen mähte, wodurch dort die Vegetation niedrig und die Landschaft offen gehalten wurde. Das „myrfoder" war jedoch durch einen hohen Anteil an Seggen von schlechterer Qualität als herkömmliches Heu und auch schwerer zu ernten. Diese Art der Heugewinnung wird heute nicht mehr angewandt und viele Flächen verbuschten. Eine Anzahl von Feuchtgebieten steht heute unter Naturschutz, da sie Lebensraum für spezielle Pflanzen und Tiere sind. Sie werden oft noch extensiv als Viehweide genutzt, damit Büsche und Bäume sie nicht überwuchern.

Im 19. und 20. Jahrhundert wurde auf Gotland im Verhältnis weniger Weideland in Ackerland umgewandelt als auf dem schwedischen Festland. Auf der Insel war ein großer Flächengewinn durch die Entwässerungsmaßnahmen möglich. So blieben auf Gotland noch einige ursprüngliche Weideflächen (auch Waldweiden beziehungsweise Hudewälder) erhalten. In jüngerer Zeit wird die extensive Beweidung auch durch die EU gefördert. Im Sommer sieht man noch viele Rinder und Schafe, die im Freien auf naturbelassenen Weiden und auf Alvarflächen grasen dürfen - ein schöner Anblick, wenn man an die armen Rinder denkt, die anderswo ganzjährig in Ställen gehalten werden.

Die ehemaligen Moorböden bereiteten und bereiten jedoch auch Probleme. Ein Teil bestand aus Torf, also aus abgestorbenen Pflanzenresten, die unter Wasserbedeckung in sauerstoffarmer Umgebung abgelagert wurden. Andere enthielten Kalkgyttja (Sediment aus abgestorbenen, kalkigen Klein- und Mikroorganismen beziehungsweise Algen). Torf hat in der Regel ein recht großes Porenvolumen, das im ursprünglichen Zustand mit Wasser gefüllt war. Durch das Austrocknen sank der Torf in sich zusammen. Weitere Volumenverluste traten durch Verdichtung während der Bodenbearbeitung auf den neuen Ackerflächen, chemische Veränderungen durch den Kontakt mit der Luft sowie durch das Verschwinden flüchtiger Stoffe ein. Auch bei den ehemals stark wasserhaltigen Kalkgyttja-Böden (s. S. 183) kam es zu einer Verminderung des Volumens. Bei starkem Wind wurden die einstigen Moorböden teilweise buchstäblich von den Äckern weggeweht (Deflation).

Besonders in den Jahren direkt nach der Urbarmachung „setzten" sich die Böden. Das führte im Extremfall dazu, dass die Entwässerungsgräben schon nach kurzer Zeit vertieft werden mussten, da das Land sonst wieder vernässte. Die tieferen Gräben bewirkten, dass der Grundwasserspiegel stärker als beabsichtigt abgesenkt wurde. So waren größere Flächen von der Entwässerung betroffen als ursprünglich geplant. In manchen Gebieten sank der Grundwasserspiegel dramatisch. Teile Gotlands leiden aktuell in trockenen Sommern unter Dürre. Die Bevölkerung wird von den staatlichen Stellen sogar dazu angehalten, sparsam mit dem Leitungswasser umzugehen. Mancherorts wurden Bewässerungskanäle angelegt, um die Landwirtschaft mit ausreichend Wasser zu versorgen.

Als weitere Folge der intensivierten Landwirtschaft gelangten vermehrt Dünger über Niederschläge und das Oberflächenwasser in die Umgebung. Dies führt(e)

besonders in jüngerer Zeit dazu, dass Pflanzen, die viele Nährstoffe brauchen, überhandnehmen und die ursprüngliche Flora verdrängen.

Durch zu intensive Beweidung und wohl zu starken Holzeinschlag bildeten sich im Verlauf des 18. Jahrhunderts auf Avanäset im Nordosten von Fårö Gebiete mit Wanderdünen, die vom Wind immer wieder in südliche und östliche Richtungen verdriftet wurden. Der Sand breitete sich mit einer Geschwindigkeit von etwa drei Metern pro Jahr aus und begrub alles unter sich, was in seinem Weg lag, auch Gebäude, Wege und landwirtschaftliche Flächen. Noch heute sind auf Luftaufnahmen die Reste einer riesigen, hufeisenförmigen Parabeldüne im Gelände des Naturschutzgebietes Ullahau zu erkennen. Andere große Dünengebiete liegen weiter östlich und südöstlich. Um dem Sandtreiben Einhalt zu gebieten, begann man Ende des 19. Jahrhunderts, den Sand mit Strandhafer und Bäumen (Kiefern, Birken und Erlen) zu bepflanzen und dadurch zu binden. Anfang des 20. Jahrhunderts hatte man den Sand „gebändigt“ und die Wanderdünen zum Stillstand gebracht. Heute sind sie größtenteils mit Nadelwald bewachsen. Ausläufer der Wanderdünen bilden die schönen Sandstrände von Sudersand, Skalahauar, Aurudden oder Ekevik. Im Hochsommer sind sie ein Badeparadies.

Herrlicher, kilometerlanger Sandstrand von Aurudden auf Fårö

Sanddünen auf Fårö

Die Sanddünen von Ullahau und Skalahauar sind heute Naturschutzgebiete und durch ein Netz von Wanderwegen erschlossen. Sandstrände und Dünen zählen zu den wenigen Stellen auf Gotland und Fårö, an denen der Boden kalkarm ist, denn der Sand besteht vorwiegend aus Quarz und Feldspat. In den auf dem Sanduntergrund wachsenden Nadelwäldern sind weite Flächen mit Heidekraut, Preisel- und Blaubeersträuchern, Flechten und Moosen bedeckt. Mit viel Glück und Ausdauer

Mit Moosen, Flechten und Heidekraut bedeckter Waldboden, Ullahau auf Fårö

Das Einblütige Wintergrün oder Moosauge ist eines von mehreren Wintergrüngewächsen, die auf Gotland und Fårö gedeihen. Die aparte weiße Blüte ist meistens nach unten geneigt, sodass es mühsam ist, sie zu fotografieren.

Bärlappgewächse (hier: Keulen-Bärlapp) zählen wie Farne und Schachtelhalme zu den Sporenpflanzen.

kann man hier kalkmeidende Orchideen wie das Kleine Zweiblatt und die seltene Korallenwurz finden. Weitere interessante Pflanzen sind Bärlapp, die Zweiblättrige Schattenblume, der Siebenstern und mehrere Wintergrüngewächse.

Wichtiger Hinweis: In trockenen Sommern besteht in den Wäldern von Nordost-Fårö erhöhte Waldbrandgefahr! Deshalb sollte der Umgang mit Zündquellen hier unterbleiben.

Der Europäische Siebenstern besitzt zierliche weiße Blüten mit sieben Blütenblättern.

Das Kleine Zweiblatt wird nur zehn bis zwanzig Zentimeter hoch. Es wächst auf kalkarmen Böden im lichten Schatten.

Die seltene Korallenwurz hat winzige, weißgrünliche Blüten. Diese eigenartige Orchidee blüht an schattigen, feuchten Stellen.

Das Biotop der Mini-Monster

In geschützten Lagen finden sich in den Dünen Fårös die Trichter zahlloser Ameisenlöwen im Sand, die hier auf unvorsichtige Ameisen lauern. Geraten diese in den Fangtrichter, rutschen sie an dessen steilen Hängen ab. Zusätzlich bewirft der Ameisenlöwe sie von unten her mit Sand. Ist die Ameise auf den Grund des Trichters gefallen, erbeutet der Ameisenlöwe das Insekt mit seinen riesigen Kieferzangen, zieht es unter die Sandoberfläche und frisst es.

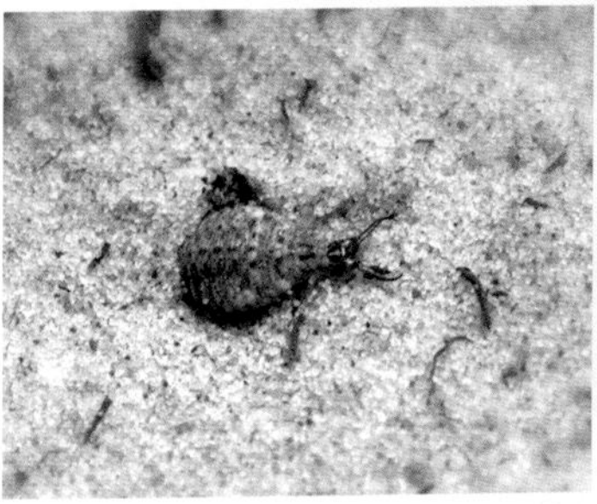

Kleine Ungeheuer: Ameisenlöwen werden etwa zwei Zentimeter lang. Aus ihnen entwickeln sich später libellenähnliche, geflügelte Insekten, die Ameisenjungfern.

Zahlreiche Trichter von Ameisenlöwen in Ullahau

Auf Sand gegründet: Die Wälder von Ullahau wurden auf ehemaligen Wanderdünen angepflanzt, um diese zu befestigen.

Im 20. und 21. Jahrhundert veränderte sich die Landwirtschaft weiter. Durch immer vielfältigere und bessere Maschinen, den Einsatz von Kunstdünger und Pflanzenschutzmitteln, neue Feldfrüchte wie Raps und Senf, bessere Ausbildung der Bauern, bessere tierärztliche Versorgung und leistungsfähigere Tierzüchtungen stiegen die Erträge. Immer weniger menschliche Arbeitskraft ist nötig, um immer höhere Erträge zu erzeugen. Die Betriebe werden ständig größer, da kleinere Betriebe nicht mehr wirtschaftlich geführt werden können. Heute ist man an einem Punkt, an dem man abwägen muss, ob die moderne industrielle Landwirtschaft mit ihren Ertragssteigerungen so noch weitergehen kann. Viele an sich gute Errungenschaften kehren sich durch den starken wirtschaftlichen Druck und die Doktrin vom unbegrenzten Wachstum in ihr Gegenteil um. Vielleicht werden neben dem hohen Kunstdüngereinsatz inzwischen zu viele Pflanzenschutzmittel verwendet, hochgezüchtete Kühe müssen zu viel Milch geben, es wird zur Bewässerung der Felder zu viel Grundwasser entnommen und so weiter. Auch auf Gotland gibt es viele Bauern, die eine ökologisch ausgewogene Landwirtschaft betreiben wollen. In guten Restaurants gibt es köstliche Gerichte aus Zutaten von einheimischen Ökohöfen, viele Bauern vermarkten ihre guten Produkte in Hofläden, auf die mit Schildern an den Straßen hingewiesen wird.

17. Gotland wird modern: Industrialisierung, Eisenbahn und Straßenbau

Schon seit dem 17. Jahrhundert gab es auf Gotland frühe Industrien. Neben der Nutzung des Kalksteins wurden Wassermühlen gebaut, etwa in Lummelunda. Die Wasserenergie wurde lokal zum Mahlen von Korn, aber auch für die Holzverarbeitung (Sägemühlen), das Walken von Wollstoff oder für die Eisenbearbeitung verwendet. Um 1825 gab es auf Gotland etwa 1.000 derartige Anlagen. Um die erforderliche Wasserkraft zu nutzen, wurden kleine Flüsse und Auen durch Dämme aufgestaut.

Ab 1649 gründete der aus Stockholm stammende Kaufmann Christoffer Neuman ein kleines vorindustrielles Imperium. Es bestand unter anderem aus einer Kleiderfabrik in Kopparsvik mit angeschlossener Wollproduktion, einer Eisenhütte, einer Hammerschmiede, einer wasserbetriebenen Walkmühle, einer ebensolchen Sägemühle und weiteren Wassermühlen in Lummelunda. Das Eisenerz für die Eisenhütte stammte von Utö in den Stockholmer Schären, die Wasserkraft von der Lummelundaå, die hier ins Meer mündet. Reste der Anlagen kann man heute noch in Lummelunda besichtigen, darunter eines der größten historischen Wassermühlräder Schwedens.

Das Handelshaus Donner wurde von dem deutschstämmigen Kaufmann Jürgen Hinrich Donner und seiner Frau Anna Margaretha gegründet. Sie kauften um 1750 ein Haus in Visby, das Donnerska Hus nahe dem Hafen. Dort eröffneten sie einen Laden und trieben Handel mit Kurzwaren, später auch mit Getreide, Holz, Teer und Kalk. Weitere Unternehmungen kamen hinzu, etwa Schiffbau und der Kauf von Anteilen einer Tabakfabrik. Als Jürgen mit 33 Jahren starb, übernahm seine Frau erfolgreich die Geschäfte. Später führten die beiden Söhne das Unternehmen. Das Donner'sche Handelshaus verfügte im Lauf seiner Geschichte außerdem unter anderem über eine Seifensiederei, eine Fabrik für Segel, Kalköfen und eine Kattundruckerei (wo Stoffe bedruckt wurden). Es importierte auf zahlreichen eigenen Schiffen Glas, Porzellan, Salz und Gewürze. Die Donners wurden zum drittgrößten Handelsunternehmen Schwedens. Mit einer Flotte von mehreren Dutzend Schiffen dominierten sie den gotländischen Handel für fast ein Jahrhundert, bis das Handelshaus 1845 in den Konkurs ging.

Die erste Eisenbahnlinie Gotlands wurde 1878 durch den schwedischen König eingeweiht und verlief von Visby über Roma nach Hemse. Später kamen Verbindungen nach Lärbro, Burgsvik, Klintehamn und Hablingbo hinzu. Roma wurde der Knotenpunkt des Eisenbahnnetzes. Die Bahn erleichterte und beschleunigte den Transport landwirtschaftlicher und industrieller Produkte wesentlich und führte zur Ansiedlung von Geschäften und Handwerksbetrieben in der Nähe der Bahnhöfe.

In der Gegend um Dalhem und auch anderswo begann man, Zuckerrüben anzubauen. In Roma entstand 1894 eine Zuckerfabrik, die noch bis 1997 in Betrieb war. Heute befinden sich in den Gebäuden der ehemaligen Fabrik mehrere kleinere Unternehmen, etwa eine Whiskybrennerei und eine Fabrik für spezielle Tabakwaren.

Das Zeitalter der Eisenbahn währte auf Gotland nur bis 1960. In diesem Jahr wurde der Eisenbahnverkehr offiziell eingestellt. Die Gleise wurden weitgehend demontiert und die Gütertransporte erfolgten fortan mit LKW. Jedoch fanden sich 1972 einige Eisenbahnenthusiasten zusammen und gründeten einen Verein. Es gelang ihnen, einen Teil der ehemaligen Eisenbahnstrecke zu restaurieren. Bei Dalhem fährt in den Sommermonaten eine Museumseisenbahn.

Erlebnistipp:

Die Museumseisenbahn in Dalhem und die Industriedenkmäler in Lummelunda

In Dalhem wird eine restaurierte Teilstrecke (zurzeit etwa 6,5 Kilometer) der ehemaligen Eisenbahn im Sommer als Museumseisenbahn betrieben (Dalhem Hesselby Järnvägsmuseum). Eisenbahnfans und -romantiker können hier eine Fahrt unternehmen und sich verschiedene historische Lokomotiven, Personen- und Güterwagen ansehen. Der alte Bahnhof von Hesselby ist noch erhalten, samt angeschlossenem Café.

Historische Wasserrinnen für die Wassermühlen in Lummelunda

In Lummelunda stehen noch Reste der alten Wassermühlen, Wasserrinnen und Staubecken. Hier kann man eines der größten Wassermühlräder Nordeuropas besichtigen. Aus einer Höhle im Kalkstein tritt die Lummelundaå aus; schon Carl von Linné besichtigte diese im Jahr 1741. Hinter den Anlagen in Richtung Küste befindet sich ein Park mit hohen, alten Laubbäumen, dessen Boden im Frühjahr mit dichten Teppichen von Bärlauch bewachsen ist. Bärlauch ist ein Zwiebelgewächs und mit dem Knoblauch verwandt. Der Geruch der Blätter ist ähnlich. In Lummelunda darf der Bärlauch allerdings nicht gepflückt werden. In den Bäumen halten sich zahlreiche Singvögel auf und im Bachbett kann man im Winterhalbjahr mit Glück die seltene Wasseramsel beobachten.

In den 1880er Jahren gab es eine Wirtschaftskrise auf Gotland. Viele Firmen gingen bankrott, unter den einfachen Leuten herrschten Armut, Obdachlosigkeit und Alkoholismus. Viele Bauern gaben auf. Etwa 10.000 Gotländer emigrierten zwischen 1860 und 1900, teils aufs Festland und in die Hauptstadt Stockholm, teils nach Amerika.

In der zweiten Hälfte des 19. Jahrhunderts wurden Telegrafenleitungen auf Gotland geschaffen, was die Übermittlung von Nachrichten innerhalb der Insel sehr erleichterte. Kurz vor der Jahrhundertwende verlegte man ein Telegrafenkabel auf dem Boden der Ostsee. Gotland war nun auch mit Stockholm und dem Festland verbunden. Ab 1920 gab es eine Telefonverbindung zum Festland. Die Insel erhielt immer mehr Anschluss an das übrige Schweden. Ab den 1920er Jahren konnte man auf Gotland Radio hören, ab den 1950er Jahren gab es Fernsehen.

Auch nach dem Zweiten Weltkrieg verließen viele Gotländer aus wirtschaftlichen Gründen ihre Insel. Erst in den 1960er und 1970er Jahren stabilisierte sich die Bevölkerungszahl wieder. Visby und die größeren Orte auf Gotland veränderten in diesen Jahren ihr Gesicht. Geschäfte entstanden nun nicht mehr hauptsächlich in den Ortskernen, sondern in den Vororten und auf der „Grünen Wiese", wo sie mit dem Auto zu erreichen waren. Wohnblocks mit Mietwohnungen wurden gebaut, besonders in den neuen Stadtteilen um Visby herum.

Zeitweise wurde auf Gotland sogar Öl gefördert. Erste Probebohrungen erfolgten schon in den 1930er Jahren. Von 1974 bis 1993 waren Ölpumpen auf einigen kleineren Ölfeldern in Betrieb. Eine stillgelegte Pumpe findet sich als Industriedenkmal nahe Rute an der Straße von Visby nach Fårö.

Im heutigen Gotland sind Verwaltung, Dienstleistungen, Tourismus, Land- und Forstwirtschaft und Steinindustrie die wichtigsten Wirtschaftszweige. Die Insel gilt als strukturschwach. Größere Industriebetriebe sind rar, die meisten Betriebe auf Gotland sind klein oder mittelgroß. Zu den größeren Arbeitgebern auf Gotland zählen die staatliche beziehungsweise kommunale Verwaltung, Försäkringskassan (die schwedische Sozialversicherung), der Zahlungsdienstleister PayEx, die Lotterie-

Die stillgelegte Ölpumpe bei Rute ist heute ein Industriedenkmal.

gesellschaft Svenska Spel, Riksantikvarieämbetet (eine Art schwedische Denkmalschutzbehörde) und die Kalkindustrie (mit Werken sowie Häfen unter anderem in Storugns und Slite).

Meilensteine und Straßenbau auf Gotland

An einigen Straßen auf Gotland sieht man merkwürdige Steinkästen, die aussehen wie winzige Häuschen mit überdimensionalen Schornsteinen. Es sind historische Meilensteine, die früher dazu dienten, Reisenden die Entfernungen anzuzeigen.

Der Bau von Wegen und Straßen oblag seit dem 17. Jahrhundert den ansässigen Bauern. Sie mussten dafür sorgen, dass die Straßen angemessen breit und benutzbar waren, und gegebenenfalls auf königlichen Befehl auch neue Straßen bauen. Steintafeln am Wegesrand gaben Auskunft, welcher Hof für den jeweiligen Straßenabschnitt zuständig war. Die Bauern hatten jedoch andere Sorgen. Sie mussten für ihren Lebensunterhalt hart arbeiten. Viele Wege waren deshalb in einem schlechten Zustand. Auch war das System ungerecht: Bei Strecken, die durch feuchte Senken verliefen, mussten viel mehr Material und Arbeitskraft aufgewendet werden als bei solchen, die über höher gelegenen, trockenen Kalksteinuntergrund führten. Eine Reise über Land von Storsudret in Südgotland nach Visby konnte damals eine Woche dauern. Wer konnte, wählte für längere Fahrten lieber den Wasserweg. Erst im 18. Jahrhundert besserten sich langsam die Straßenverhältnisse. Besondere Initiative bewies dabei der Landshövding (Regierungspräsident) Carl Otto von Segebaden, der von 1765 bis 1787 im Amt war und den Straßenbau sehr förderte. Ende des 19. Jahrhunderts übernahmen die Kommunen und der Staat die Verantwortung für das Straßennetz in Schweden.

Kleine Steine mit eingehauener Inschrift zeigten früher an, welcher Hof für den ordnungsgemäßen Zustand eines bestimmten Straßenabschnitts zuständig war. Sie stehen heute unter Denkmalschutz. Dieser Stein befindet sich bei Broa auf Fårö.

Historischer Meilenstein an der Straße nach Hideviken/Nordostgotland aus der Regierungszeit Gustav III. Der damalige Regierungspräsident Carl Otto von Segebaden sorgte maßgeblich für die Verbesserung der Straßen im 18. Jahrhundert. Seine Initialen sind unterhalb derer des Königs in den Stein gehauen.

Alle größeren Wege und Straßen wurden schon früh mit Meilensteinen (schwedisch „milstenar" oder „milstolpar", „mil" = Meile) versehen. Die dafür erforderlichen Entfernungsmessungen gingen meistens vom Großen Marktplatz (Stora Torget) in Visby aus. Die Entfernungen wurden früher in Meilen angegeben. Eine alte schwedische Meile entsprach etwa 10,7 Kilometern. Die meisten Meilensteine wurden während des 18. Jahrhunderts aufgestellt. Sie trugen neben der Angabe der Entfernung nach Visby außerdem oft eine eingemeißelte Krone samt den Initialen des regierenden Königs und gegebenenfalls auch die Initialen des amtierenden Landshövdings. Schlichtere, einfachere Meilensteine gab es für Viertel-, halbe und Dreiviertel-Meilen. Ende des 19. Jahrhunderts führte Schweden das metrische System ein. Der Kilometer und die neue schwedische Meile, die zehn Kilometern entspricht, ersetzten die alten Maßeinheiten.

Einfacher historischer Halbmeilenstein nahe Sundre

Da sich immer mehr Schweden Automobile kaufen konnten, begann man in den 1950er Jahren, die Straßen zu asphaltieren. Heute sind die meisten Straßen auf Gotland in einem sehr guten Zustand. Zu abgelegenen Gegenden führen allerdings immer noch unbefestigte Wege, die aber meistens regelmäßig planiert und gewalzt werden. Im Sommer bei trockenem Wetter ist eine Fahrt auf solchen Wegen jedoch eine sehr staubige Angelegenheit. Daher werden manche Strecken durch Tankwagen mit Wasser besprengt, um eine übermäßige Staubentwicklung zu unterbinden. Als Reisender wundert man sich manchmal, bis zu welch abgelegenen Orten diese Tankwagen vordringen …

18. Die Stockholmer kommen: Badekultur um die Wende des 19./20. Jahrhunderts und der Aufschwung des Tourismus

In der zweiten Hälfte des 19. Jahrhunderts stagnierte die gotländische Wirtschaft. Die Handelsschifffahrt ging zurück, während die Steinindustrie noch einigermaßen lukrativ war. Viele Gotländer wanderten aus. Jedoch entstand in dieser Zeit aus kleinen Anfängen ein neuer Wirtschaftszweig, nämlich der Fremdenverkehr. Heute liegen nahe der Inselhauptstadt Visby an der Küste die Hochburgen des Tourismus: Ferienzentren, Campingplätze und Sommerhausgebiete. Nach Norden hin sind dies vor allem Snäck und Gustavsvik, nach Süden Kneippbyn, Axelsro, Fridhem, Vibble, Tofta und Gnisvärd.

1860 besuchte die schwedische Prinzessin Eugénie (1830-1889) als eine der ersten Kurgäste Gotland. Sie litt unter einer angegriffenen Gesundheit und deshalb hatte ihr Arzt einen Aufenthalt im milden Klima und in der guten Luft Gotlands empfohlen. Kurz darauf ließ die Prinzessin sich südlich von Visby eine Villa bauen, ein großes Holzhaus im Schweizer Stil. Um die Villa wurde ein Park mit künstlichen Ruinen, Spazierwegen, exotischen Bäumen, Rosenbeeten und Wasserfällen angelegt. Eugénie war kulturell sehr interessiert. Fridhem wurde bald zu einem Treffpunkt für Künstler. Außerdem widmete sich die sehr religiöse Prinzessin sozialen Projekten. Sie war unter anderem an der Gründung des Kinderheims Fridhem, einer Schule und eines Pflegeheims für Schwerkranke beteiligt. Bis zu ihrem Tod verbrachte Eugénie jeden Sommer auf Gotland. Heute ist Fridhem ein Pensionat, in dem man Zimmer mieten kann, um dort die Ferien zu verbringen.

Die Prinzessin und die schwedischen Frauenrechte im 19. Jahrhundert

Prinzessin Eugénie war unverheiratet. Noch bis zur ersten Hälfte des 19. Jahrhunderts galten ledige Frauen in Schweden als unmündig. Sie durften in vielen wichtigen Lebensbereichen nicht selbst entscheiden, zum Beispiel in Vermögensfragen oder Erbangelegenheiten. Erst 1858 beschloss der Reichstag, dass ledige Frauen sich von einem Gericht für mündig erklären lassen konnten. Als eine der ersten Frauen beantragte Eugénie dieses Recht. Ab 1863 gab es ein neues Gesetz, nach dem unverheiratete Frauen mit 25 Jahren automatisch mündig wurden. Verheirateten Frauen wurde die Mündigkeit erst 1921 zugestanden. Zuvor war der jeweilige Ehemann ihr Vormund.

Seit 1864 durften Frauen in Schweden ein eigenes Gewerbe betreiben. In der zweiten Hälfte des 19. Jahrhunderts waren einige Frauen auch außerhalb der eigenen vier Wände berufstätig, etwa bei der Post, im Telegrafenamt, in Banken, als Händlerin oder Handwerkerin.

Die erste Studentin Schwedens, Betty Pettersson, stammte aus Visby. 1871 legte sie die Eignungsprüfung ab, wurde zum Studium zugelassen und studierte an der Universität von Uppsala. Nach dem erfolgreichen Abschluss ihres Studiums arbeitete sie als Lehrerin. Ab 1873 durften Frauen offiziell in Lund und Uppsala studieren.

Gotland war bis weit in das 19. Jahrhundert vom schwedischen Festland aus schwer zu erreichen. Kleine offene Postjachten segelten zwischen Böda auf Öland und Klintehamn. Die Post wurde in Tonnen befördert. Die Postjacht nahm in begrenztem Umfang auch Passagiere mit. Diese Art zu reisen war jedoch recht abenteuerlich, unbequem und gefährlich. Ab den 1860er Jahren wurde die Post mit Dampfschiffen befördert.

1856 wurde das erste Hotel in Visby eröffnet: Hotell Gotland. Etwa gleichzeitig entstand ein Badehaus am Hafen. Ende des 19. Jahrhunderts kamen vom Festland einige Künstler und erste Touristen nach Gotland, viele aus Stockholm. Ab Mitte der 1880er Jahre gab es eine regelmäßige Schiffsverbindung zum Festland. Als die ersten „Badegäste" in Ljugarn an der gotländischen Ostküste gelten der Studienrat Adolf Hauffman aus Stockholm und sein Lehrerkollege Sigurd Bolin aus Uppsala. Sie kamen im Sommer 1887 mit dem Fahrrad. In der Folge wurde der Ort zu einem beliebten Seebad. Wohlhabende Schweden vom Festland ließen sich hier villenartige Sommerhäuser bauen, andere logierten in eleganten Badepensionaten. Der Tourismus brachte einigen Wohlstand in die vorher strukturschwache Region. Noch heute sind viele der alten Villen und Pensionate erhalten. Südlich von Visby entstand der Kurort Kneippbyn, nördlich Snäckgärdsbaden. 1896 wurde Gotlands Turistförening gegründet.

Zu den Künstlern, die es nach Gotland zog, gehörte das Künstlerehepaar Caroline Benedicks-Bruce und William Blair Bruce. In den ersten Jahren des 20. Jahrhunderts ließen sie sich ein Haus an der Küste nördlich von Visby bauen: Brucebo. Die romantische Villa mit ihren großen Fenstern und ihrer weitgehend ursprünglichen Einrichtung sowie die Künstlerateliers werden heute durch eine Stiftung verwaltet und können von Gruppen auf Anfrage besichtigt werden. Neuerdings finden auch wieder regelmäßige Führungen statt. Ein weiteres berühmtes Künstlerhaus liegt ebenfalls nördlich von Visby. Hier lebte und arbeitete das Ehepaar Ellen und Johnny Roosval. Sie war Bildhauerin, er Professor für Kunstgeschichte. Sie ließen 1915 bis 1917 an der Küste die Villa Muramaris und einen Garten im Barockstil errichten. Muramaris brannte leider 2013 ab, wird zurzeit aber wieder aufgebaut.

In den Jahrzehnten nach dem Zweiten Weltkrieg wuchs der Wohlstand der schwedischen Bürger. Viele konnten sich nun Urlaubsreisen leisten. Der Tourismus nahm in den 1960er Jahren Fahrt auf. Campingplätze, Feriendörfer und Sommerhaussiedlungen entstanden längs der gotländischen Küsten, später auch Hotels und Ferienwohnungen. Für die Urlauber aus dem In- und Ausland etablierten sich im Lauf der Jahre zahlreiche Freizeitattraktionen. In Kneippbyn etwa kann man seit den 1970er Jahren die Villa Villekulla (Villa Kunterbunt) besuchen. Viele Passagen der bekannten Pippi-Langstrumpf-Filme wurden nämlich auf Gotland gedreht, einige Szenen in der Visbyer Altstadt. Ebenfalls in Kneippbyn befindet sich ein großes Freibad mit Wasserrutsche. Diese Ausflugsziele sind besonders für Kinder geeignet.

Das Straßennetz wurde im Lauf der letzten Jahrzehnte stetig ausgebaut. Im Norden Visbys befindet sich schon seit 1956 sogar ein kleiner Flughafen mit regelmäßigen Verbindungen nach Stockholm und zu anderen schwedischen Städten. Heute sind viele Arbeitsplätze auf Gotland direkt oder indirekt mit dem Tourismus verknüpft. Für nahezu jeden Geschmack werden Freizeitaktivitäten angeboten: Angeln, Reiten, Segeln, Golf, Paddeln, Surfen, Radfahren, Wandern, Vogelbeobachtung, Ferien auf dem Bauernhof usw. Die meisten dieser Angebote sind schwedisch-solide und es wird Wert auf eine gute Umweltverträglichkeit gelegt. Hat sich im Hochsommer das Wasser erwärmt, lädt die Ostsee zu Strand- und Badeurlaub ein.

Erlebnistipp:

Ein Mekka für Flohmarkt-Fans

Eine schwedische Besonderheit sind die vielen privaten Flohmärkte, die es praktisch überall gibt. Ein Schild an der Straße („loppis“, „prylbod“) weist den Weg. In Auffahrten, Garagen oder Nebengebäuden wird allerlei Trödel verkauft, von Geschirr über Bücher, Kinderspielzeug, Möbel und Schallplatten bis zu echten Antiquitäten. Hier lässt sich vieles entdecken und so mancher kann davon nicht genug bekommen.

Verglichen mit anderen Urlaubsländern wie Italien oder Spanien ist Gotland ein eher ruhiges Urlaubsziel, besonders in der Nebensaison. Während die Welt sich in atemberaubendem Tempo ändert, bleiben viele Orte und Landschaften auf Gotland glücklicherweise so, wie sie schon seit langer Zeit gewesen sind. Wieder nach Gotland fahren ist ein wenig wie nach Hause kommen.

Erlebnistipp:

Ingmar Bergman und die Insel Fårö

Der bekannte schwedische Regisseur und Drehbuchautor Ingmar Bergman wurde 1918 in Uppsala geboren. Von ihm stammen Filmklassiker wie „Szenen einer Ehe", „Wilde Erdbeeren" oder „Fanny und Alexander". Bergman kam in den 1960er Jahren nach Fårö. Als Schauplatz für seinen Film „Wie in einem Spiegel" (1961) hatten ihm die Orkney-Inseln vorgeschwebt, was die Filmgesellschaft jedoch nicht finanzieren konnte oder wollte. Auf Fårö fand er, was er suchte: einsame, felsige, karge Landschaften, die die Seelenzustände der Filmcharaktere widerspiegeln sollten. Fårö war damals noch militärisches Sperrgebiet und sehr abgelegen. Der Regisseur verliebte sich in die Insel und besaß dort ab 1967 ein Haus, wo er auch seine letzten Lebensjahre verbrachte. Er starb 2007 auf Fårö und ist auf dem Friedhof der dortigen Kirche begraben.

2011 wurde ein Bergman-Zentrum auf Fårö eröffnet. Ende Juni/Anfang Juli findet dort alljährlich die Bergman-Woche („Bergman-Vecka") statt, mit Filmfestival, prominenten Gästen, Diskussionen und Vorträgen. Das Zentrum bietet außerdem Filmvorführungen, eine Bibliothek und ein Café.

Erlebnistipp:

Erlebnistipp: Baden auf Gotland

Viele Strände auf Gotland sind für Badeaktivitäten nicht so gut geeignet, da sie steinig oder schlickig sind. Es gibt aber zahlreiche herrliche Sandstrände, beispielsweise in Åminne, Tofta, Holmhällar, Ljugarn und in den Feriengebieten nördlich von Visby. Die schönsten und längsten Sandstrände liegen auf Fårö: Sudersand, Skalahauar, Ekevik und Aurudden. Hier kann man kilometerweit über weißesten Ostseesand spazieren und im klaren Wasser baden. Bei ungünstigen Winden können jedoch Algen angespült werden. Besonders klares Wasser findet man auch auf Stora Karlsö. Hier bestehen begrenzte Bademöglichkeiten außerhalb der Vogelschutzzonen westlich des Bootsanlegers und in der Hien-Bucht.

19. Gotland und der (Kalte) Krieg

Nach dem Frieden von Brömsebro hatte der schwedische Staat weder genug Geld noch genug Soldaten, um auf Gotland ein stehendes Heer oder eine Marine zu unterhalten. Um die Landesverteidigung dennoch zu gewährleisten, wurden jeweils einige Bauern in Gruppen zusammengefasst, die einen sogenannten Bootsmann zu finanzieren hatten. Damit umgingen die Bauern die eigene Einberufung. Für arme und landlose junge Männer war dieser Beruf eine Möglichkeit, ihren Lebensunterhalt zu bestreiten. Dem Bootsmann musste ein Haus mit etwas Land für die Selbstversorgung zur Verfügung gestellt werden, außerdem eine angemessene Ausrüstung und ein Lohn. Dafür hatte er für einige Monate im Jahr Dienst in der schwedischen Marine zu leisten, vor allem in Karlskrona in der südschwedischen Provinz Blekinge oder auf See.

Schweden unterlag Russland 1709 in der Schlacht von Poltawa. Der Frieden von Nystad 1721 beendete Schwedens Zeit als nordeuropäische Großmacht. Gotland war nun nicht mehr strategischer Mittelpunkt, sondern nur noch ein abgelegener Außenposten Schwedens. Der Landshövding Anders Sparrfelt erhielt schon 1710 den Befehl, Gotland besser gegen Angriffe zu befestigen. Visbys Stadtmauer wurde instand gesetzt, auf der Halbinsel Vivesholm nördlich von Klintehamn wurden Schanzen gebaut und auf der kleinen vorgelagerten Insel Enholmen entstand eine Festung, um den Hafen von Slite zu schützen. Trotzdem kam es 1715 und 1717 zu Überfällen durch die russische Flotte mit Plünderungen, Entführungen und Gewalttaten gegen die gotländische Landbevölkerung.

1808 bis 1809 war wieder einmal Krieg. Schweden und Russland stritten um die Herrschaft über Finnland. Die Landesverteidigung auf Gotland war ungenügend. Man konnte sich kaum ernsthaft gegen Angriffe verteidigen, es fehlte an Waffen und Soldaten. Die wenigen vorhandenen Waffen waren noch dazu völlig veraltet. Im Frühjahr 1808 landete der russische Konteradmiral Nikolaj Bodisco auf Gotland. Die Insel wurde für 24 Tage von den Russen besetzt. Bodisco stieß auf keinen nennenswerten Widerstand, die Vertreter der Stadt Visby begrüßten sogar recht freundlich den russischen Feind und übergaben ihm die Schlüssel der Stadt. Die russischen Offiziere wurden zu begehrten Gästen auf gesellschaftlichen Veranstaltungen. Es gab jedoch auch zahlreiche Konflikte mit den Besatzern, die in die Häuser Visbys einquartiert wurden und verpflegt werden mussten.

Als kurze Zeit später eine überlegene schwedische Flotte Gotland erreichte, Soldaten an Land gingen und die Häfen blockiert wurden, war Bodisco von jeglicher Verstärkung abgeschnitten und kapitulierte. Bei ihrem Rückzug mussten die Russen sämtliche Kanonen, Munition, Waffen und Vorräte zurücklassen. Der Admiral wurde bei seiner Heimkehr nach Russland zum Tode verurteilt, später aber vom Zaren begnadigt.

Nach der russischen Besetzung wurde die Verteidigung Gotlands neu organisiert. 1811 baute man eine Verteidigungsarmee auf („Nationalbeväring"), die auf einer Art Wehrpflicht beruhte. Diese betraf alle Männer zwischen 15 (später 18) und 50 Jahren. In kurzer Zeit konnte man so 7.000 Mann mobilisieren. Über 45-Jährige dienten als Reservisten.

Im Krim-Krieg von 1853 bis 1856 kämpfte Russland gegen die Türkei und deren Verbündete, Großbritannien und Frankreich. Britische und französische Kriegsschiffe wurden in die vom Hauptkriegsschauplatz weit entfernte Ostsee entsandt, als zweite Front gegen Russland. Schweden blieb in diesem Konflikt neutral. Der Hafen von Slite an der Ostküste Gotlands wurde jedoch schnell zu einem Kriegshafen ausgebaut, mit neuen Batterien auf der Insel Enholmen. Fårösund besaß zu diesem Zeitpunkt noch keine Verteidigungsanlagen; es wurde zum Freihafen erklärt. Die Kriegsparteien durften hier ankern und sich verproviantieren. Etwa 100 britische und französische Kriegsschiffe waren hier stationiert, um die östliche Ostsee zu überwachen und Angriffe auf russische Ziele vorzubereiten. Sie brachten einigen Wohlstand für die ansässigen Händler und Bauern, die den fremden Soldaten und Seeleuten allerlei Waren verkauften. 1854 brach jedoch die Cholera aus, sowohl unter den

Auf dem Englischen Friedhof auf der Halbinsel Ryssnäs auf Fårö wurden während des Krim-Krieges vor allem britische Soldaten und Seeleute begraben. Sie starben an der Cholera.

britischen und französischen Seeleuten als auch in der einheimischen Zivilbevölkerung. Auf der Halbinsel Ryssnäs im Südosten von Fårö entstand ein Feldlazarett. Hier befindet sich am Strand der Englische Friedhof („Engelska Kyrkogård", heute eine Gedenkstätte), wo etwa 20 britische Choleraopfer begraben wurden. Auch in Fårösund gab es ein Choleralazarett („Franska Kasern").

In der zweiten Hälfte des 19. Jahrhunderts wurde auch Fårösund mit Befestigungen und Batterien verstärkt und zum Kriegshafen erklärt, um die Verteidigungsbereitschaft Gotlands zu verbessern. Außerdem wurde Ende des 19. Jahrhunderts eine Festung im Landesinneren geplant und 1914 in Tingstäde fertiggestellt. Die Festung besaß einen besonders gesicherten Raum, in dem Geld und Wertpapiere der Reichsbank bei Gefahr in Sicherheit gebracht werden konnten. Schon im Zweiten Weltkrieg war die Festung technisch veraltet und verlor ihre strategische Bedeutung. Bis in die 1970er Jahre wurde sie jedoch noch zur Lagerung von Munition und Lebensmitteln verwendet.

Im Ersten Weltkrieg war Schweden neutral und blieb von Kriegshandlungen weitgehend verschont. 1915 kam es in der Ostsee zwischen der kurländischen und der gotländischen Küste zu einer Verfolgungsjagd, die vor Östergarn an der Ostküste Gotlands endete, also in schwedischem Hoheitsgebiet. Dort wurde der deutsche Minenkreuzer „Albatross" schließlich von russischen Schiffen eingeholt und beschossen. Der Kapitän der „Albatross" ließ daraufhin das schwer beschädigte Schiff auf Grund setzen, damit es nicht sank. Die überlebenden deutschen Marinesoldaten wurden bis Kriegsende interniert.

Im Zweiten Weltkrieg war Schweden zunächst „nicht-kriegführend", dann neutral. Schweden machte Zugeständnisse an Deutschland (beispielsweise in Bezug auf Truppentransporte über schwedisches Territorium oder Handelsabkommen), aber auch an die Alliierten. Dadurch gelang es Schweden, sich aus dem Krieg weitgehend herauszuhalten. Das Land schwebte jedoch in ständiger Gefahr, in den Krieg hineingezogen zu werden. Von einer großen Besorgnis um die Sicherheit Gotlands zeugen die vielen Bunkeranlagen aus dieser Zeit. Sie befinden sich überwiegend an den Küsten, und hier besonders an exponierten Stellen wie Kliffs oder Landzungen. Viele werden zurzeit nicht mehr genutzt. Einige sind Baudenkmäler und werden von lokalen Heimatvereinen gepflegt.

Bestimmte Gewässer um Gotland wurden vermint, Küstenabschnitte mit Hindernissen und Stacheldraht gegen mögliche Angriffe geschützt. Große rostige Metallkugeln - ehemalige Seeminen aus den Weltkriegen, die an den Stränden angetrieben wurden -, liegen heute mancherorts als mahnende Dekorationsobjekte vor Hofeinfahrten auf Gotland und Fårö. Zeitweise waren etwa 20.000 Soldaten auf Gotland stationiert. In Roma und Bunge wurden Rollfelder für Flugzeuge angelegt. Gotland entging weitgehend den schrecklichen Ereignissen des Zweiten Weltkriegs. In beiden Weltkriegen war die Bevölkerung jedoch von Rationierungen betroffen.

Bunkeranlage aus dem Zweiten Weltkrieg auf den Kliffs bei Lickershamn

1944 explodierte das Passagierschiff „Hansa" auf dem Weg von Nynäshamn nach Visby. Das Schiff sank innerhalb weniger Minuten. Von den 86 Menschen an Bord überlebten nur zwei. Zunächst glaubte man, das Schiff sei auf eine Mine gelaufen. Etwas später stellte sich heraus, dass ein unbekanntes U-Boot es mit einem Torpedo beschossen hatte. Erst Anfang der 1990er Jahre konnten schwedische Journalisten das betreffende sowjetische U-Boot und dessen Befehlshaber identifizieren, nachdem sie Einblick in sowjetische Archive erhalten hatten. Möglicherweise war das Versenken der „Hansa" ein Versehen. Vielleicht war jedoch eine gewisse Verärgerung der Russen über den Transport baltischer Flüchtlinge oder geheimer militärischer Fracht die Ursache für den Beschuss.

In Lärbro entstand zu Beginn des Zweiten Weltkriegs ein Militärkrankenhaus für die auf Gotland stationierten Soldaten. Es versorgte auch Zivilpersonen. Das Krankenhaus war nach modernsten Standards ausgerüstet, mit Röntgengerät, Labor und OP. Ab 1943, besonders aber gegen Kriegsende, kamen insgesamt etwa 11.000 Flüchtlinge nach Gotland, manche in überladenen, teilweise kaum seetüchtigen Booten. Auf der Ostsee waren sie ständig der Gefahr ausgesetzt gewesen, von russischen Fliegern oder Schiffen beschossen und versenkt zu werden. Es waren sowohl Zivilpersonen als auch Soldaten der deutschen Streitkräfte, darunter Letten und

Esten, aber auch Litauer, Polen und Deutsche, viele von ihnen durch die Strapazen der Flucht entkräftet, verletzt oder krank. Ein Teil von ihnen wurde im Krankenhaus in Lärbro behandelt.

Die deutschen und baltischen Wehrmachts- und SS-Angehörigen unter den Flüchtlingen, die im Frühjahr 1945 der herannahenden Roten Armee entkommen waren, wurden zunächst im „Lager Lingen" in Havdhem interniert und später auf das schwedische Festland verlegt. Viele von ihnen glaubten sich nach der Hölle des Krieges schon gerettet, zumal sie von der gotländischen Bevölkerung und der schwedischen Armee zunächst gut behandelt wurden. Es stellte sich jedoch die Frage nach ihrem weiteren Verbleib. Die Sowjetunion übersandte Schweden kurz nach Kriegsende eine diplomatische Note. Man bat um die Auslieferung der deutschen und baltischen Soldaten, die nach der Kapitulation der Wehrmacht am 8. Mai 1945 aus Gebieten geflohen waren, die nun unter sowjetischer Herrschaft standen. Die schwedische Regierung entsprach diesem Wunsch. Schweden wäre als neutrales Land dazu jedoch nicht verpflichtet gewesen. Unter den ehemaligen Angehörigen der deutschen Streitkräfte brachen Unruhe und Verzweiflung aus. Einzelnen gelang die Flucht aus den Internierungslagern. Etliche versuchten (teils vergeblich), durch Hungerstreiks und Selbstverstümmelungen dem Abtransport und der bevorstehenden Gefangenschaft in Russland zu entgehen. Einige begingen Selbstmord. Während die Schweden den deutschen Internierten verständlicherweise eher mit gemischten Gefühlen gegenüberstanden, sorgte die sogenannte „Balten-Auslieferung" für massive öffentliche Kritik. Den ausgelieferten Soldaten drohten Prozesse und harte Verurteilungen, falls sie an Kriegsverbrechen beteiligt gewesen waren oder sich politisch betätigt hatten. Viele Balten, vor allem Letten, hatten der SS angehört. Auch ehemalige Wehrmachtsangehörige hatten eine lange Gefangenschaft mit Zwangsarbeit, Hunger, Kälte und möglicherweise dem Tod in den russischen Kriegsgefangenenlagern zu befürchten. 1994 entschuldigte sich die schwedische Regierung offiziell bei den noch lebenden Balten.

Im Sommer 1945, nach Kriegsende, brachten Schiffe des Roten Kreuzes insgesamt circa 500 ehemalige Häftlinge der deutschen Konzentrationslager in das Militärkrankenhaus von Lärbro. Diese Patienten zeigten viele Anzeichen schlimmster Misshandlungen. Ein Augenzeuge beschrieb sie so: „Das waren keine lebenden Leichen. Das war eine Geisterbrigade. Ausgeschlagene Zähne, das Augenlicht mit brennenden Zigaretten ausgelöscht, zerfetzte Körper, alle äußerst abgemagert". Die KZ-Opfer stammten aus 17 verschiedenen Ländern und waren krank an Körper und Seele. Etwa 45 von ihnen überlebten nicht und wurden in Lärbro begraben. Über die Geschichte des Militärkrankenhauses von Lärbro informiert heute ein kleines Museum.

Nach dem Krieg blieb Schweden offiziell neutral, jedoch gab es auf militärischem Gebiet eine mehr oder weniger geheime Zusammenarbeit mit den USA und Großbritannien beziehungsweise der NATO. Man erhielt beispielsweise Flugzeuge,

Aufklärungs- und Waffensysteme von den USA. Schwedische Flugzeuge unternahmen Erkundungsflüge über der Ostsee und versuchten, die Sowjetunion und ihre Verbündeten auszuspähen, wie es auch umgekehrt geschah. Sogar Verletzungen des gegnerischen Luftraums kamen vereinzelt vor. 1952 ereignete sich ein Zwischenfall, die sogenannte „Catalina-Affäre". Eine schwedische DC-3, die mit modernster Aufklärungstechnik ausgerüstet war, verschwand auf einem Erkundungsflug mitsamt der Besatzung nordöstlich von Gotland. Zwei Catalina-Maschinen wurden ausgesandt, um die DC-3 zu suchen. Eine der Catalina-Maschinen wurde daraufhin im internationalen Luftraum von einem russischen Jagdflugzeug beschossen und stürzte ins Meer, wo sie innerhalb weniger Minuten sank. Die Flugzeugbesatzung konnte von einem westdeutschen Frachter gerettet werden. Von der vermissten DC-3 wurde wenig später ein Rettungsfloß aus Gummi gefunden, das Spuren von feindlichem Beschuss aufwies. Diese konnten einer russischen MiG-15 zugeordnet werden. Die Sowjetunion bestritt zunächst jegliche Verantwortung für den Abschuss der Flugzeuge. Wenige Jahre später gab die russische Führung jedoch den Angriff gegenüber der schwedischen Regierung zu, was diese ohne Rücksicht auf die Hinterbliebenen der Opfer lange geheim hielt. Erst ab 1991 konnten schwedische Journalisten Einblick in die russischen Archive erhalten, wo der Zwischenfall dokumentiert war. 2003 wurde schließlich das Wrack der DC-3 nordöstlich von Fårö in der Ostsee gefunden und im Jahr darauf geborgen.

Während des Kalten Krieges „verirrten" sich immer wieder sowjetische U-Boote in schwedische Gewässer. Gotland war durch seine Lage quasi der Außenposten der freien westlichen Welt in der Ostsee. Auch von hier wurden U-Boot-Sichtungen gemeldet. Da Schweden kein Mitglied der NATO war, bestand für dieses Land im Ernstfall besondere Gefahr. Zeitweise herrschte in Schweden aus verständlichen Gründen beinahe eine Art U-Boot-Hysterie. Neben einigen ernstzunehmenden Verletzungen des schwedischen Territoriums durch die Sowjetunion kamen wohl auch Falschmeldungen vor.

Auf Gotland wurde die Verteidigungsbereitschaft während des Kalten Krieges auf einem hohen Niveau gehalten. Viele Soldaten waren auf Gotland stationiert, Reservisten hielten sich für den Ernstfall zur Verfügung. Zahlreiche militärische Übungsgebiete überzogen die Insel, etwa auf den Halbinseln Furillen, Asunden und Bungenäs oder in Ryssnäs auf Fårö. Der Nordteil Gotlands und die Insel Fårö waren noch bis in die 1990er Jahre für Ausländer Sperrgebiet, das nur mit besonderer Erlaubnis des Militärs betreten werden durfte. Anfang der 1990er Jahre gab es Lockerungen für touristische Sehenswürdigkeiten. Ab 1998 wurden die Restriktionen aufgehoben. Seitdem können Nordgotland und Fårö auch von Nicht-Schweden problemlos besucht werden.

In der Zeit nach dem Zerfall der Sowjetunion im Jahr 1991 entspannte sich die Lage auf Gotland deutlich. Anfang der 2000er Jahre wurden Truppen abgezogen,

Einheiten aufgelöst und viele militärische Sperrgebiete wieder für die Öffentlichkeit freigegeben. Der Abbau der Landesverteidigung wurde von vielen Gotländern und Teilen der Armee nicht gern gesehen.

Das mehrere Quadratkilometer große Übungsgebiet Tofta Skjutfält südlich von Visby war in den vergangenen Jahren nur zeitweise in Betrieb. Aufgrund der zunehmenden Spannungen mit Russland, insbesondere seit der Annektierung der Krim-Halbinsel, soll es zukünftig wieder dauerhaft genutzt werden. Zurzeit (2022) werden die Verteidigungsmaßnahmen auf Gotland wieder intensiviert. Als Reaktion auf den Angriff Russlands auf weitere Gebiete der Ukraine im Februar 2022 hat Schweden inzwischen die Mitgliedschaft in der NATO beantragt. Gotland ist in diesem neuen Kalten Krieg wieder von großer strategischer Bedeutung.

Erlebnistipp:

Gotland und die Landesverteidigung

Seit 2009 befindet sich das Försvarsmuseum (Verteidigungsmuseum) in Tingstäde. Es informiert über die Geschichte der Landesverteidigung auf Gotland, von den frühen Fluchtburgen bis zum Kalten Krieg. Die Hauptgebäude liegen im Ortszentrum, ein weiterer Teil des Museums liegt 1,8 Kilometer südlich des Ortes an der Straße 148. Auch ein Teil der Festung Tingstäde (nahe der Kirche am nördlichen Ortsausgang) kann besichtigt werden.

Im Tingstäde Träsk, dem seichten See nördlich des Ortes, lag in der späten Wikingerzeit eine 175 Meter im Quadrat messende, auf Holz gegründete Verteidigungsanlage („Bulverket"). Sie wurde durch ein Feuer zerstört. Reste der Festung sind noch sichtbar, bei ruhigem Wasser vom Boot aus oder durch das Eis, wenn der See im Winter zugefroren ist. Wer Bulverket erbaute und weshalb, ist eines der Geheimnisse der Geschichte. Ein Modell der Festung im Tingstäde Träsk kann man im Försvarsmuseum ansehen.

Eine alte Festung in Fårösund (erbaut im 19. Jahrhundert) wurde zu einem interessanten Design-Hotel mit sehr gutem Restaurant umgebaut. Hier kann man in besonderer Atmosphäre übernachten.

20. Weltkulturerbe Visby: „Rom in einer Nussschale" und noch viel mehr

Es gibt kaum etwas Schöneres, als an einem klaren Frühsommertag in der Altstadt von Visby zu sein. Hell strahlt die Sonne auf die alten Häuser, auf weißgrauen Kalkstein, rote Dachziegel und pastellfarben gestrichene Wände. Rosenstöcke mit duftenden Blüten wachsen neben den Hauseingängen, hier und da erhascht man einen Blick in die mit Kalksteinmauern eingefassten kleinen Gärten, in denen schwer Blüten von gelbem Goldregen und lilafarbenem Flieder von den Büschen hängen. Die kopfsteingepflasterten Gassen steigen nach Osten hin steil an, an verschiedenen Stellen führen lange Treppen in die höher gelegenen Teile der Stadt.

Man kommt immer wieder gern nach Visby. Es ist einfach ein Vergnügen, die alten Packhäuser aus der Hansezeit zu sehen, die es irgendwie schon „immer" gab, die vielen romantischen Kirchenruinen, die fantastisch erhaltene Stadtmauer mit ihren Türmen und Toren, den verwunschenen Botanischen Garten, die vielen Wohnhäuser aus verschiedenen Epochen und die interessanten Geschäfte. In dieser Stadt kann man auch beim zehnten oder zwanzigsten Besuch Neues und Schönes entdecken.

Blick auf die Altstadt von Visby vom Hafen aus

Dachlandschaft mit Kirchenruine in der Altstadt von Visby

Was Visby so besonders macht, ist nicht zuletzt die Stadtmauer. Sie hat eine Länge von mehr als 3 Kilometern und umschließt wie ein Ring die Altstadt. Sie wurde Mitte des 13. Jahrhunderts begonnen und später in mehreren Bauphasen bis etwa zur Mitte des 15. Jahrhunderts vollendet. Ursprünglich lagen vor der Mauer zusätzlich Gräben, die heute nur noch teilweise erhalten sind. Glücklicherweise wurde die Stadtmauer schon Anfang des 19. Jahrhunderts unter Denkmalschutz gestellt. In jüngerer Zeit wurden verstärkt Maßnahmen zu ihrer Erhaltung unternommen. 1995 wurde Visbys Altstadt von der UNESCO zum Bestandteil des Weltkulturerbes erklärt.

Visbys Stadtmauer gehört zu den besterhaltenen in Europa.

Um die Mauer in ihrer vollen Pracht zu sehen, sollte man einen Spaziergang durch die mit einigen Kiefern und Gebüschen bestandene Wiesenlandschaft im Nordosten außerhalb der Stadtmauer machen. Hier hat man ein atemberaubendes Panorama der alten Mauer mit Wall und Graben, ihren zahlreichen Türmen, Zinnen, Schießscharten und Toren vor Augen, und im Hintergrund nach Westen hin glitzert die blaue Ostsee. Ein magischer Ort, besonders wenn im Sommer die Sonne hinter der Stadtmauer versinkt.

Wichtiger Hinweis:

Die Altstadt Visbys ist im Sommer weitgehend für den Autoverkehr gesperrt. Für einen Stadtbesuch stehen vor der Stadtmauer mehrere öffentliche Parkplätze zur Verfügung, von denen man zu Fuß in die Innenstadt gelangt.

Noch heute ist das Straßennetz der Innenstadt von seinen mittelalterlichen Wurzeln geprägt. Wenige größere Straßen (schwedisch „gatan" = Straße) verlaufen etwa in Nord-Süd-Richtung (darunter Strandgatan, Mellangatan und S:t Hansgatan), was dem terrassenartigen Aufbau der Stadt geschuldet ist. Die Straßen werden durch zahlreiche kleine Gassen und Wege, steile Treppen und Durchgänge miteinander verbunden. Viele der Gassen deuten auf die vielfältigen Handelsbeziehungen der Stadt hin. Sie tragen Namen wie Hamburger-, Bremer-, Lybska-, Danziger- oder Novgorodgränd („gränd" = Gasse).

Straße in der Altstadt von Visby mit Blick auf die Domkirche

Neben den Häusern und in den kleinen Gärten der Altstadt blüht es den ganzen Sommer: Goldregen neben alten Mauern.

Flieder gedeiht auf Gotland prächtig und durchzieht Visby mit seinem Duft.

Am Wasser

Der Küstenabschnitt, an dem Visby liegt, war schon in der Steinzeit wiederholt von Menschen besiedelt, wurde aber vermutlich nur zeitweise bewohnt und dann wieder aufgegeben. Der Meeresspiegel lag damals circa 14 Meter höher als heute. Eine dauerhafte Siedlung entstand wahrscheinlich in der Wikingerzeit am damaligen Hafen. Nach und nach wuchs die Zahl der Bewohner und Visby breitete sich nach Norden, Süden und Osten aus. Die westlichen Teile der Stadt liegen nur wenig über Meereshöhe, nach Osten jedoch steigt das Gelände stark an. Viele der Gassen sind sehr steil, die Gebäude der Stadt liegen terrassenartig an den Hang des silurischen Kliffs geschmiegt.

Der ursprüngliche Hafen Visbys lag dort, wo sich heute der Park Almedalen befindet. Hier gab es in der Hansezeit Kaianlagen, wo Schiffe be- und entladen werden konnten. Dieser alte Hafen wurde wegen Landhebung und Versandung schon im 15./16. Jahrhundert durch einen neuen Hafen am Südende der Stadt abgelöst. Heute ist ein Teich alles, was vom ehemaligen Hafen blieb, umgeben von Blumenrabatten und Rasenflächen. Almedalen ist Treffpunkt und Veranstaltungsort zugleich. Hier finden Konzerte und Veranstaltungen statt, beispielsweise die „Almedalswoche", ein großes Treffen von Politikern und Politikinteressierten im Juni. Leute gehen hier spazieren oder machen ein Picknick. Am Nordende von Almedalen steht, in die Stadtmauer eingebunden, ein mächtiger Turm, der Pulverturm (Kruttornet), der

Im Botanischen Garten von Visby findet man neben zahlreichen besonderen Pflanzen auch Zeit zum Verweilen.

ursprünglich den Hafen vor Angriffen schützte. Er ist das älteste noch erhaltene Gebäude der Stadt. Den Namen Pulverturm erhielt er, als im 18. Jahrhundert Schießpulver in ihm gelagert wurde.

Der Botanische Garten Visbys liegt nördlich von Almedalen und ist klein, aber sehr romantisch. Er wurde in der Mitte des 19. Jahrhunderts von einem Verein wohlhabender Bürger („De Badande Wännerna", = die badenden Freunde) gegründet. Uralte Bäume umrahmen die Schaubeete mit ihren Zierpflanzen, Kieswege schlängeln sich an kleinen Teichen und Wasserläufen vorbei durch Rasenflächen, an Pergolen ranken sich Rosen und Clematis empor. Hier und da kann man auf Bänken verweilen oder in einem Pavillon eine Pause machen. In einem besonderen Gartenteil finden sich Beete mit Heilpflanzen. Viele Singvögel fühlen sich hier wohl und so ist die Luft im Frühjahr und Frühsommer voller Vogelgesang. Eine Besonderheit des Gartens ist ein alter Blauglockenbaum (Paulownie), der immer noch jedes Jahr blüht, obwohl er normalerweise nur in milden Gegenden wie Weinanbaugebieten gedeiht. Der Baum trägt Blütenstände mit glockenförmigen, violetten Blüten. Weitere besondere Pflanzen sind Maulbeerbaum und Ginkgo. In der Südostecke des Botanischen Gartens befindet sich, umgeben von schattigem Grün, die malerische Ruine einer mittelalterlichen Kirche, S:t Olof.

Außerhalb der Stadtmauer, westlich des Botanischen Gartens direkt an der Ostsee, liegt die Strandpromenade, ein schöner Spazierweg, von dem aus man die Kreuzfahrtschiffe oder die einlaufenden Fähren und zahlreiche Seevögel beobachten kann.

Strandgatan, die Strandstraße, war im Mittelalter die beliebteste Straße von Visby. Noch heute liegen dort einige hervorragend erhaltene Gebäude aus der Hansezeit. Gamla Apoteket, die Alte Apotheke, ist eines davon: ein alter Speicher mit Wohnräumen, mehrere Stockwerke hoch, aus Kalkstein erbaut, mit einem Treppengiebel, einer Vorrichtung zum Heraufhieven von Waren und zahlreichen Luken, um die Waren in das Gebäude zu befördern. Das Bauwerk hat ein Kellergewölbe, in dem früher temperaturempfindliche Waren kühl aufbewahrt werden konnten. Ursprünglich ein Kaufmannshaus,

Gamla Apoteket, ein Packhaus aus der Hansezeit mit einem Treppengiebel

wurde hier im 18./19. Jahrhundert im Erdgeschoss eine Apotheke betrieben, daher stammt der Name.

Ein Stück weiter, ebenfalls an der Strandgata, liegt das größte Packhaus von Visby, das Liljehorn'sche Haus (Liljehornska Huset). Es besitzt eine regelmäßig gestaltete, hell getünchte Fassade mit zahlreichen Fenstern und ebenfalls Treppengiebel, wie man sie auch in anderen Hansestädten entlang der Ostseeküsten findet.

Wiederum einige Schritte weiter trifft man auf einen größeren, leuchtend gelb gestrichenen Gebäudekomplex mit einem Innenhof. Er wurde im späten 18. Jahrhundert als Königliche Destillerie erbaut. Heute befindet sich hier Gotlands Museum mit seinen verschiedenen interessanten und eindrucksvoll gestalteten Ausstellungen (s. S. 145).

Überrascht ist man über einige Gebäude in Visby, die man sonst eher in Deutschland sieht. Das Burmeister'sche Haus (Burmeisterska Huset) beispielsweise ist ein Holzhaus aus dem 17. Jahrhundert mit Fachwerkgiebeln. Das Haus gehörte einst Hans Burmeister, einem wohlhabenden deutschstämmigen Kaufmann. Die Räume sind teilweise mit Wand- und Deckenmalereien des Malers Johan Bartsch verziert.

Die Strandgata mündet auf einen offenen Platz, den Donners Plats. Hier steht ein großes, hell gestrichenes

Liljehornska Huset, Visbys größtes mittelalterliches Packhaus

Sehr sehenswert: Gotlands Museum im Zentrum Visbys

Burmeisterska Huset, ein Kaufmannshaus aus dem 17. Jahrhundert

Donnerska Huset war einst der Sitz einer reichen Kaufmanns- und Reederfamilie. Heute befindet sich das Fremdenverkehrsbüro darin.

Haus, das Donner'sche Haus. Die Familie Donner, nach der es benannt ist, kaufte es um 1750. Der zentrale Teil des Hauses stammt aus dem Mittelalter und war in den dem Meer zugewandten Teil der Stadtmauer integriert. Die Donner'sche Handelsgesellschaft spielte etwa 100 Jahre eine wichtige Rolle auf Gotland. In jüngerer Zeit wechselte die Funktion dieses Gebäudes mehrfach. Es beherbergte zeitweise eine Bank, das Postamt und zurzeit das Fremdenverkehrsbüro (Turistbyrå). Dort erhält man zahlreiche kostenlose Flyer und Broschüren über das, was auf Gotland sehens- und erlebenswert ist, sowie Informationen zu Unterkünften. Außerdem kann man dort gute Bücher und Souvenirs erwerben.

Erlebnistipp:

Gotlands Museum

Dieses hervorragende Museum ist unbedingt einen (oder auch viele!) Besuch(e) wert. Denn es hat viel Interessantes zu bieten. Ein Höhepunkt ist die Ausstellung mit gotländischen Bildsteinen gleich beim Eingang (s. S. 34 ff.). In einem großen, dämmrigen Saal, der mit groben grauen Kalksteinplatten ausgelegt ist, stehen die wunderschönen Bildsteine, die man in verschiedenen Gegenden der Insel fand. Sie wurden sorgfältig restauriert, sodass man die ursprünglichen Bilder und Symbole wieder gut erkennen kann. Manche der Steine sind so beeindruckend und geheimnisvoll, dass man angesichts ihres Alters und ihrer Schönheit eine Gänsehaut bekommen kann. Info-Tafeln geben Auskunft, was die mythischen Wirbelräder, Tiergestalten, Schiffe und Runen bedeuten.

Absolut sehenswert ist auch die „Schatzkammer" des Museums, in der einige der sensationellen gotländischen Hortfunde gezeigt werden (s. S. 77 ff.). Ebenso spannend wie die zahlreichen Münzen, der Schmuck und die Waffen aus Edelmetall sind die Umstände, unter denen diese Schätze entdeckt wurden.

Weitere Ausstellungen zeigen archäologische Funde aus verschiedenen Epochen und die Geschichte Gotlands und seiner Einwohner, darunter auch die „Igelfrau" (s. S. 21) und die „Frau mit den Flöten". Auch die besonderen und zahlreichen Fossilfunde aus dem Silur haben ihren Platz in diesem Museum. In einem Saal kann man die über 400 Millionen Jahre alten, versteinerten Meereslebewesen bestaunen, die man auf Gotland finden kann, darunter Korallen, Stromatoporen, Schwämme, Trilobiten, Kopffüßer, Schnecken, Brachiopoden, Seelilien oder auch die Reste früher Fische. Ein Muss für jeden Fossiliensammler!

Das Museum bietet außerdem ein Restaurant/Café, in dem man sehr gut und günstig essen kann, und einen Shop, in dem man schönes gotländisches Kunsthandwerk, Bücher oder nach archäologischen Funden gefertigten Schmuck kaufen kann.

Im Westen der Stadt liegt der Hafen. Der nördliche Teil beherbergt Sportboote, nach Süden hinaus befindet sich eine gewaltige Mole, die den Fährhafen umschließt. Hier legen die Fähren an, die vom schwedischen Festland kommen. Im Sommer liegen auch immer wieder große Kreuzfahrtschiffe vor Visby, denn die Stadt ist einer der Höhepunkte von Ostseekreuzfahrten.

An den südlichen Teil der Stadtmauer grenzte einst die Visborg, die fast uneinnehmbare Festung, mit deren Hilfe Visby und ganz Gotland für mehrere Jahrhunderte unter militärischer Kontrolle gehalten wurde. Von der Burg, die 1679 von einer abziehenden dänischen Besatzung gesprengt wurde, sind heute nur noch wenige Mauerreste erhalten.

Der mittlere Teil der Stadt

Zahlreiche schmale, teils sehr steile Gassen mit kleinen Geschäften, Wohnhäusern, einer Schule, Restaurants, Cafés und Hotels führen vom Wasser aus nach oben beziehungsweise nach Osten. In diesem mittleren Teil der Innenstadt befinden sich das Kunstmuseum und auch der Große Marktplatz (Stora Torget), ein lebendiger Treffpunkt für Einheimische und Touristen gleichermaßen.

Blick auf Stora Torget und die Ruine der mittelalterlichen Kirche S:ta Karin.

In der Ruine der Kirche S:ta Karin recken sich gotische Bögen gen Himmel.

Im Mittelalter hatte Visby mehr Kirchen als alle anderen schwedischen Städte. Mehr als ein Dutzend mittelalterliche Gotteshäuser soll es ursprünglich gegeben haben, von zehn sind noch (sichtbare) Ruinen erhalten. Die Kirchen wurden durch die kriegerischen Auseinandersetzungen mit Dänemark und Lübeck im Jahr 1525 und die damit einhergehenden Brände stark beschädigt oder weitgehend zerstört. An mehreren Stellen der Innenstadt und auch vor der nördlichen Stadtmauer sieht man ihre steinernen Ruinen. Nur eine einzige der alten Kirchen Visbys ist noch in Betrieb, die Domkirche S:ta Maria. Sie war ursprünglich die Kirche hauptsächlich der deutschen Kaufleute und blieb vielleicht deswegen 1525 von der Zerstörung verschont. Da die wirtschaftliche Lage der Insel sich seit der Blütezeit im 12./13. Jahrhundert erheblich verschlechtert hatte, wurden die Kirchen nie wieder aufgebaut. Sie dienten über viele Jahrhunderte als „Steinbrüche" für andere Gebäude oder als Lagerhäuser.

Heute sind die Kirchenruinen mit ihren hellen, verwitterten Kalksteinmauern, den noch erhaltenen Bögen und Fenstern eine wunderbare Kulisse zwischen den anderen Gebäuden der Innenstadt. Nicht umsonst schrieb schon Carl von Linné bei seinem Besuch in Visby im Jahr 1741, dass es ihm schien, als sähe er „Romam in nuce", also Rom in einer Nussschale. In manchen der Ruinen finden Musik- und Theateraufführungen statt, andere dienen als Sommercafé. Zu bestimmten Zeiten, vor allem im Sommer, ist auch das Innere einiger Kirchenruinen zugänglich.

Mittelalterliche Kirchenruinen in Visby

S:t Drotten (schwedisch „drotten“ = die Dreifaltigkeit): ehemalige Gemeindekirche

S:t Lars (S:t Laurentius): vermutlich zunächst eine Gildekirche, dann eine Gemeindekirche

S:ta Karin (S:ta Katharina): ehemalige Klosterkirche des Franziskanerordens

S:t Per und S:t Hans (S:t Peter und S:t Johannes): zwei Kirchen, die eigenartigerweise Wand an Wand gebaut wurden; ehemalige Gemeindekirchen

S:ta Gertrud: kleine Kapelle und möglicherweise ehemaliges Gästehaus der Nonnen von Solberga

Helge And (schwedisch „helge and“ = Heiliger Geist): ehemalige Hospitalkirche, wo Arme und Kranke betreut wurden

S:t Olof: ehemalige Gemeindekirche, liegt heute im Botanischen Garten

S:t Nikolaus: ehemalige Klosterkirche des Dominikanerordens

S:t Klemens: erste/älteste Gemeindekirche im mittelalterlichen Visby

Außerhalb der Altstadt

S:t Göran (S:t Georg, liegt nördlich der Stadtmauer): ehemalige Hospitalkirche, in deren angeschlossenem Hospital früher auch Leprakranke („Aussätzige“) versorgt wurden

Ruine der Kirche S:t Nikolaus mit Rosetten und gotischen Fensterbögen

Solberga (lateinisch „mons solis“ = Sonnenberg, liegt südöstlich der Stadtmauer): ehemaliges Kloster mit Klosterkirche der Zisterzienserinnen; nur noch Fundamentreste erhalten

Von einigen alten Kirchen Visbys sind heute nur noch unbedeutende Reste vorhanden, etwa Fundamente im Untergrund.

Mittelalterliche Kirchen(ruinen) in Visbys Innenstadt und weitere im Text erwähnte Orte

Die Domkirche S:ta Maria entstand Ende des 12./Anfang des 13. Jahrhunderts. Ihr Bau wurde vermutlich von deutschstämmigen Kaufleuten finanziert.

Neben der Domkirche S:ta Maria mit ihren eigenartigen schwarzen Turmdächern befindet sich eine lange Treppe (Kyrktrappan), die von tiefer gelegenen Straßen der Altstadt hinauf zum Norderklint führt. Vom oberen Ende dieser Treppe hat man den wohl schönsten Ausblick über die Dächer der Altstadt. Die Domkirche selbst ist ein weiteres Highlight, das man sich unbedingt ansehen sollte, nicht zuletzt wegen der Wasserspeier an den Dächern und der schönen Glasmalereien der Fenster.

Der östliche Teil der Altstadt

Der östliche Streifen der Altstadt überragt die westlicheren Stadtgebiete, da er wesentlich höher liegt. Im Nordostteil befinden sich viele alte und neuere Wohnhäuser und einige Villen. Viele

Der Sonnenuntergang über der Altstadt von Visby mit der Ostsee als Hintergrund ist ein beliebtes Motiv für Fotografen.

sind aus Stein erbaut und in hellen Pastellfarben gestrichen. Einige der Holzhäuser sind nach alter Art geteert, was man schon am Geruch erkennt. Bevor es moderne Holzschutzfarben gab, war das Teeren des Holzes die beste Methode, um es haltbar zu machen. Die Stadtteile und Gassen oben auf dem Kliff sind wesentlich ruhiger als die quirligen Viertel am Wasser und in der zentralen Altstadt. Aber auch hier gibt es etwas zu sehen: die Stadtmauer, die immer wieder ins Blickfeld rückt, urige Häuser, rankende Rosen und liebevoll gepflegte kleine Gärten mit bunten Blumen. Zum Südertor (Söderporten) verläuft Adelsgatan, eine lebhafte Geschäftsstraße. Hier findet man Bekleidung, Bücher, Schmuck und schönes Kunsthandwerk, aber auch billige Souvenirs. Die Straße mündet in den Södertorg, einen weiteren Marktplatz.

Erlebnistipp:

Schönes gotländisches Kunsthandwerk

Auf Gotland arbeiten viele Künstler und Kunsthandwerker. Das Angebot in Visby ist reichhaltig. Einige kleine Geschäfte und Werkstätten locken beispielsweise mit Kleidung aus gotländischer Wolle. Es werden auch wunderschöne Wolldecken und Plaids mit fantasievollen Mustern angeboten. Auch gotländische Schaffelle sind beliebte Souvenirs. Das weiche, graugelockte Fell der gotländischen Schafe wird außerdem zu Mänteln, Jacken, Mützen, Handschuhen, Hausschuhen oder Sitzkissen verarbeitet.

Das Angebot an Gold- und Silberschmuck ist vielfältig. Wer Repliken von Schmuck aus der Wikingerzeit oder aus dem Mittelalter mag, wird hier vieles finden. Immer wieder gibt es auch in Gold oder Silber nachgeformte Fossilien wie Trilobiten oder Knopfkorallen zu kaufen oder gotländisches Fossiliengestein, das zu Schmuck verarbeitet wird. Auch schlichtes, elegantes, schwedisches Design ist zu haben.

Andere Geschäfte haben Schmiedearbeiten wie urige Wandhaken und Türbeschläge, Holzgegenstände wie schön geschnitzte Brotbretter oder Butterdosen, Schalen aus poliertem Kalkstein oder farbenfrohe Webteppiche in ihrem Angebot. Ein interessantes Unternehmen auf Gotland stellt hochwertige, handgefertigte Naturholzmöbel her, mit Besonderheiten wie Schaffellbezügen und Kalksteinplatten. Diese Möbel kann man in einem Showroom in Visby ansehen und erwerben.

In anderen Läden und Werkstätten findet man Gemälde, Aquarelle und Kunstdrucke oder Töpferarbeiten. Viele Maler und Grafiker ziehen ihre Inspiration aus der Natur und Geschichte Gotlands. Manche Künstler und Kunsthandwerker arbeiten auch auf dem Land. Meist finden sich an den Straßenrändern Hinweisschilder, was es dort gibt und wie die Öffnungszeiten sind.

Beispiele:

krukmakeri – Töpferei
lammskinn – Schaffell
hemslöjd – Kunsthandwerk, kunsthandwerkliche Produkte
kläder – Kleidung
mattor – (Web-)Teppiche
ull – Wolle
garveri – Gerberei

Außerhalb der Stadtmauer

Außerhalb der Stadtmauer gleicht Visby anderen schwedischen Kleinstädten, allerdings ist die Natur, besonders die Küste, rundherum unvergleichlich schöner. Nordöstlich der Stadt liegt jedoch ein Ort, der einem früher das Blut in den Adern gefrieren ließ: der Galgenhügel (Galgberget). Noch bis circa 1840 wurden hier Menschen hingerichtet. Die Galgenfundamente sind noch erhalten.

Auf Galgberget fanden bis in das 19. Jahrhundert hinein Hinrichtungen statt.

Zum Weiterlesen:

Wer mehr über Visbys faszinierende Geschichte, seine Bewohner und seine Gebäude wissen möchte, findet weitergehende Informationen und hervorragende Lagepläne in dem unterhaltsamen und schön illustrierten Stadtführer von Svensson/Nilsson/Domeij: Guide to Visby (in englischer Sprache), s. Literaturverzeichnis S. 270.

Erlebnistipp:

Essen gehen in Visby

In der Innenstadt gibt es zahlreiche gute Restaurants und Cafés, in denen man in gemütlicher Atmosphäre gut essen kann, in lauschigen Innenhöfen, alten Gebäuden mit niedrigen Decken, Holzwänden und Holzfußböden oder uralten Gewölben aus grauem Kalkstein. Einheimische Spezialitäten, die man unbedingt probieren sollte, sind beispielsweise gotländisches Lammfleisch mit Thymian, grüner Spargel, Waffeln und besonders Safranpfannkuchen mit Sahne und Salmbeerkonfitüre („saffranspannkaka med grädde och salmbärsylt"). Leider finden sich in Visby auch einige Lokale, in denen Besucher mit schlecht zubereiteten Allerweltsgerichten abgespeist werden. Man sollte genau hinsehen, wo man essen geht.

Erlebnistipp:

Mittelalterwoche in Visby

Jedes Jahr im August findet in Visby die „Medeltidsvecka" statt, ein riesiges Volksfest. Die Stadt wird für eine Woche wieder ins Mittelalter versetzt. Die Menschen tragen mittelalterliche Kostüme. Vor der Stadtmauer werden Ritterturniere mit prächtig gekleideten Recken auf reich geschmückten Pferden abgehalten. Handwerker und Kaufleute bieten ihre Waren feil, Gasthäuser und Stände servieren die passenden Speisen. Possenreißer, Feuerschlucker und Musikanten unterhalten die Menge. Besucher von nah und fern kommen, um sich dieses Spektakel anzusehen. Es gilt, rechtzeitig zu buchen!

21. Besondere Gewächse: Gotlands einzigartige Flora

Wegrand mit Natternkopf und Gelber Resede. Schöner hätte es kein Gärtner anpflanzen können.

Was jedem Besucher auf Gotland auffällt, ist sein Reichtum an Blumen. Auf Wiesen, Feldern, Alvarflächen, an Wegrändern, Stränden und Schutthaufen, in Wäldern und Mooren leuchten farbenfrohe Blüten um die Wette, vor allem im Frühsommer. Eine solche Fülle an Farben und besonderen Pflanzen würde man auf einer kühlen Ostseeinsel nicht erwarten. Was macht Gotlands Flora so besonders?

Gotland zählt zu den Gebieten Schwedens mit der höchsten Anzahl an Sonnenstunden. Die nördliche Lage bewirkt wiederum im Sommer lange Tage. Pflanzen, die den Winter überstehen können, finden im Sommer also gute Wachstumsbedingungen vor. Die Ostsee um Gotland

Bunte gotländische Juniwiese mit Kornblumen, Mohn und Gräsern

Frühsommerliche Orchideenwiese mit einem Massenvorkommen von Helm-Knabenkraut

Ein Meer aus Storchschnabel wächst im lichten Schatten einer Laubwiese.

herum wirkt temperaturausgleichend. Extrem tiefe Temperaturen werden abgemildert, da die See um Gotland herum selten zufriert. Allerdings ist das Frühjahr auf Gotland recht kühl, während der Herbst verglichen mit dem schwedischen Binnenland recht lang und mild ist.

Die Vielzahl der verschiedenen Landschaftstypen auf Gotland begünstigt Pflanzen mit unterschiedlichsten Ansprüchen. Es gibt sommerwarme Standorte mit mildem Mikroklima, aber auch kalte, nasse, windige, schattige oder trockene Extremstandorte und natürlich alles dazwischen. Auf Kalkgeröll oder auf Kalkuntergrund, der Risse aufweist, besteht ein guter Wasserabzug. Hier fühlen sich Pflanzen wohl,

In einem Getreidefeld leuchtet der Mohn. Wo und wann genau der Mohn blüht, ändert sich von Jahr zu Jahr.

die keine Staunässe vertragen. Andererseits können sich im Winterhalbjahr auf Kalkuntergrund oder Mergel auch dauerhaft Pfützen bilden, die wiederum andere Pflanzen begünstigen. Der kalkhaltige Boden lässt kalkliebende Pflanzen gedeihen, von denen viele besonders schön sind. Zu diesen zählen viele Orchideenarten.

Viele Flächen sind naturnah, da sie wegen des Kalkstein- oder Mooruntergrunds landwirtschaftlich nicht intensiv genutzt werden (können). Zudem wurden auf Gotland viele Naturschutzgebiete ausgewiesen. Dies erlaubt vielen seltenen Pflanzen ein Überleben, bei-

Das Schwarze Bilsenkraut stammt ursprünglich aus dem Mittelmeergebiet. Auf Gotland findet man es an vielen Stellen verwildert vor, vor allem auf Schutthaufen in der Nähe alter Siedlungen.

Die nächstgelegenen Vorkommen von Spitzels Knabenkraut liegen weit weg – in den Alpen. Dieses Exemplar ist besonders hell gefärbt.

Das Sonnenröschen gedeiht eigentlich in milderen, südlicheren Gegenden. Es ist ein Relikt aus früheren Warmzeiten.

Auch die Kugelblume ist eine Pflanze, die man eher aus südlicheren Gefilden kennt. Besonders in den Alvargebieten Gotlands ist sie weit verbreitet.

spielsweise denen, die keine Düngung vertragen. Andererseits sind manche Pflanzen Kulturfolger. Durch die lange Siedlungsgeschichte breiteten sich auf Gotland einige Gewächse aus, die vom Menschen ursprünglich als Nutz- oder Zierpflanze auf die Insel gebracht und angebaut wurden, dann aber verwilderten, beispielsweise der Flieder oder die Wegwarte.

Besonders an Gotland ist die Mischung von für die gemäßigte Klimazone typischen Pflanzen mit solchen, die normalerweise in arktischen, maritimen

Der Natternkopf, eine zweijährige Staude, ist typisch für karge Wegränder und Strandwälle. Die Pflanze färbt mit ihren kerzenartigen Blütenständen auf Gotland und der Nachbarinsel Öland ganze Landstriche blau.

Sogar Enzian wächst auf Gotland. Der Bittere Enzian kommt hier in einer früh- und einer spätblühenden Variante vor.

Augentrost ist ein Schmarotzer, der auf den Wurzeln anderer Pflanzen gedeiht. Auf Gotland findet man mehrere zum Teil sehr seltene Arten.

oder mediterranen Gebieten wachsen oder in den eurasischen Steppengebieten gedeihen. In den vielfältigen und abwechslungsreichen Landschaften Gotlands kann man überall auf botanische Entdeckungsreise gehen und viele seltene und besondere Pflanzen finden.

Erlebnistipp:

Den Kräutern auf der Spur

In Brissund liegt Krusmyntagården, ein kleiner Schaugarten für verschiedene (auch einheimische) Heil- und Küchenkräuter. Hier kann man auch mit einem wunderschönen Ausblick auf die Ostsee Kaffee trinken, Kuchen genießen oder gotländische Spezialitäten probieren. Getrocknete Kräuter, Öle, Tees, Senf, Konfitüren und andere Delikatessen werden in einem kleinen Laden zum Verkauf angeboten. Zu bestimmten Terminen kann man an Kräuterführungen teilnehmen.

Weitere Heilkräutergärten findet man zum Beispiel im Botanischen Garten von Visby, im Museumshof Kattlunds im Süden Gotlands und im Museumshof Vike südlich von Slite.

22. Zarte Schönheiten: Orchideen

Gotland ist die orchideenreichste Provinz Schwedens. Es wachsen dort aktuell circa 33 Arten[1]. Man findet sie fast überall: auf Wiesen und Laubwiesen, auf Kalkheiden, im Wald, in Mooren und auf Feuchtwiesen, an Stränden, ja sogar in Steinbrüchen und in Straßengräben. Man darf hier jedoch keine tropischen Treibhauspflanzen mit riesigen Blüten erwarten, vielleicht mit Ausnahme des Frauenschuhs. Die Blüten der gotländischen Orchideen sind oft auffällig, manchmal auch sehr unscheinbar, teilweise recht klein, jedoch trotzdem schön und immer faszinierend.

Viele europäische Orchideenarten sind Kulturfolger, das heißt sie siedeln dort, wo der Mensch in die Natur eingegriffen hat. Ihre bevorzugten Biotope sind große, waldfreie Flächen, etwa extensiv genutzte Viehweiden und Feuchtwiesen, naturnahe Heuwiesen mit regelmäßiger Mahd, Magerrasen oder stillgelegte Steinbrüche, daneben auch ausgelichtete Wälder mit wenig Unterwuchs. Die meisten hiesigen Orchideen brauchen oder bevorzugen kalkhaltigen Untergrund. Andere wachsen auf sauren, sandigen oder moorigen Böden. Viele Orchideen sind an karge, nährstoffarme Standorte angepasst. Einen zu hohen Nährstoffeintrag, beispielsweise durch Düngung, vertragen sie nicht. Sie werden dann zudem von konkurrenzstärkeren Pflanzen überwuchert und sterben ab.

Orchideen bilden winzige Samen ohne Reservestoffe aus. Diese keimen nur in geeigneten Böden unter ganz bestimmten Voraussetzungen. Insbesondere müssen bestimmte Pilze vorhanden sein, die schon mit dem Orchideen-Keimling eine Symbiose eingehen. Es bildet sich ein von symbiotischen Pilzen besiedeltes Wurzelsystem (Mykorrhiza). Der Pilz versorgt die Orchidee mit Nährsalzen und Wasser, die Orchidee den Pilz mit energiereichen Produkten der Photosynthese (Kohlenhydraten). Das Ausgraben und Umpflanzen von wildwachsenden Orchideen ist auf Gotland und auch in Deutschland streng verboten und geht wegen ihrer besonderen Ansprüche an den Boden in der Regel mit dem Absterben der Pflanze einher. Vom Auskeimen bis zur ersten Blüten können zwei bis 15 Jahre vergehen. Manche Arten blühen nicht jedes Jahr, sondern in Abständen von mehreren Jahren. Die meisten Orchideen bilden Wurzelknollen, wodurch sie Reservestoffe und bis zu einem gewissen Grad auch Wasser speichern können. Dies sichert ihnen besonders an trockenen, kargen Standorten einen Überlebensvorteil gegenüber anderen Pflanzen.

Die beste Zeit, um den Orchideenreichtum Gotlands zu erkunden, ist von Mitte Mai bis Mitte Juli. Im August blühen nur noch wenige Arten. Alle Orchideen stehen in Schweden unter Naturschutz: Sie dürfen nicht gepflückt, ausgegraben oder beschädigt werden.

---

1 Bei einigen gotländischen Orchideen handelt es sich nicht um eigene Arten, sondern Unterarten oder Varietäten; über ihren genauen Status streiten sich die Wissenschaftler.

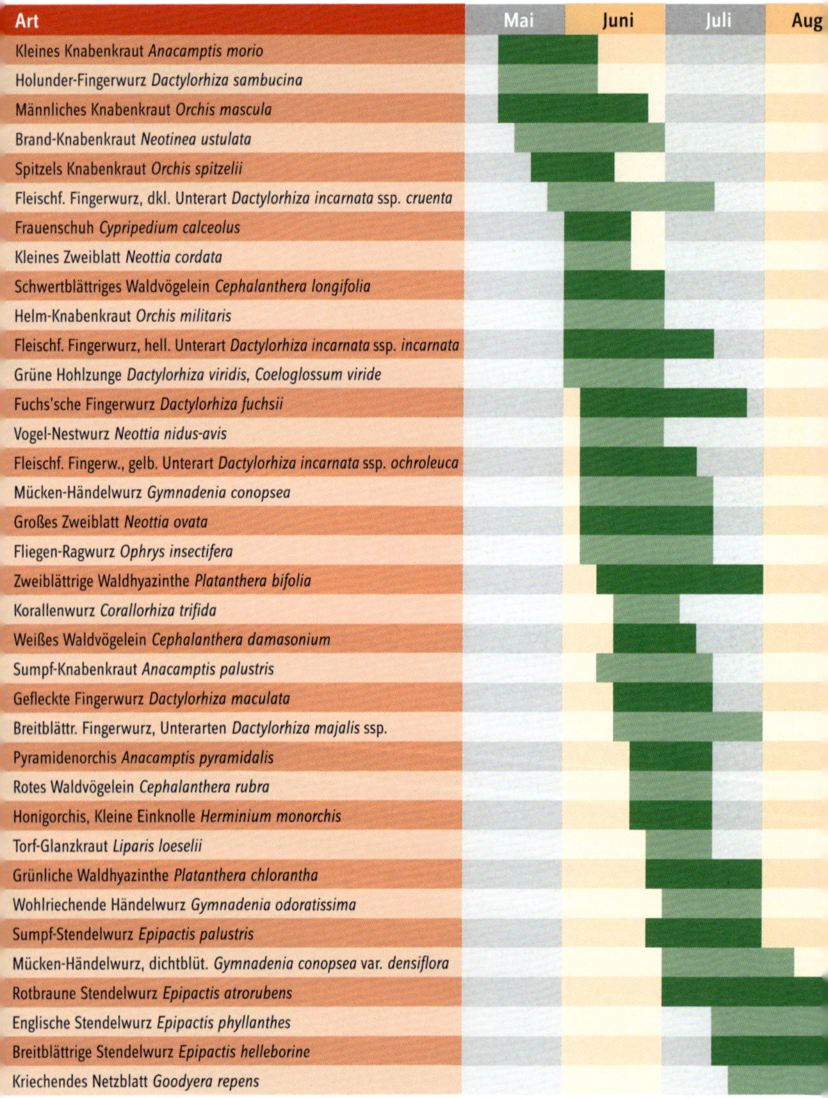

Anmerkungen: Die Blütezeit kann in besonders kalten, warmen oder trockenen Jahren abweichen. Einige Vertreter der Gattung *Dactylorhiza* wurden früher der Gattung *Orchis* zugerechnet. Sie werden teilweise heute im Deutschen immer noch „Knabenkraut" genannt (statt „Fingerwurz"), etwa das Holunder-Knabenkraut (neue Bezeichnung: Holunder-Fingerwurz). Die Einstufung einiger Orchideen als Art, Unterart oder Varietät ist umstritten. Neuerdings werden einige gotländische Orchideen als Unterarten von *Dactylorhiza majalis* (Breitblättrige Fingerwurz) interpretiert.

Blühzeiten der gotländischen Orchideen, verändert nach Eliason & Sjöswärd (2007)

Das Kleine Knabenkraut trägt einen grüngestreiften „Helm".

Bei Orchideen sind einige Exemplare manchmal deutlich heller gefärbt als der Durchschnitt. Dieses Kleine Knabenkraut blüht weiß statt rosaviolett.

Fleischfarbene Fingerwurz, dunkle Unterart. Die Blüten dieser Unterart sind meist dunkelrosa. Die Blätter haben auf der Ober- und der Unterseite dunkle Flecken.

Fleischfarbene Fingerwurz, helle Unterart. Die Blüten dieser Unterart sind hell- bis dunkelrosa. Die Blätter weisen in der Regel keine Flecken auf.

Die gelbe Unterart der Fleischfarbenen Fingerwurz (Dactylorhiza incarnata ssp. ochroleuca) trägt hellgelbe Blüten ganz ohne Linienmuster.

Das Helm-Knabenkraut mit seinen rosafarbenen, dunkel getupften Blüten und dem etwas helleren „Helm" zählt zu den schönsten und stattlichsten Orchideen auf Gotland.

Weißes, Schwertblättriges und Rotes Waldvögelein. Diese Orchideen finden sich häufig im lichten Schatten der Wälder und Laubwiesen, manchmal auch an Stränden. Ihre Blüten sehen aus wie winzige Tulpen.

Orchideen mit rosafarbenen, gelben oder weißen Blüten sind recht leicht zu erkennen. Weitaus unauffälliger sind diejenigen mit grünen oder braunen Blüten. Das Eiförmige Zweiblatt oder die Grüne Hohlzunge (s. S. 180) etwa entdeckt man meist erst aus der Nähe. Betrachtet man die kleinen, grünen Blüten genauer, sind auch diese Pflanzen faszinierend.

Die Königin unter den gotländischen Orchideen ist sicherlich der Frauenschuh, von dem es einen größeren Bestand beispielsweise nahe Hejnum gibt. Er blüht nur für kurze Zeit Anfang Juni. Zu den interessantesten Orchideen zählt hingegen die Fliegen-Ragwurz. Bei dieser Art ist die Blüte

Von den Waldhyazinthen (Platanthera, hier nach einem Regenschauer) wachsen auf Gotland zwei Arten beziehungsweise mehrere Unterarten und Kreuzungen, die schwer zu unterscheiden sind. Diese filigranen Orchideen haben außergewöhnlich lange Blütensporne, in denen sich - im Gegenlicht deutlich sichtbar - reichlich Nektar befindet. Sie werden daher nur von bestimmten Nachtfaltern mit sehr langen Rüsseln besucht und bestäubt.

Der Frauenschuh hat sehr große, gelb-braunviolette Blüten. Er blüht nur für kurze Zeit Anfang Juni.

Die faszinierenden Blüten der Fliegen-Ragwurz gleichen kleinen Insekten.

Sehr selten findet man auf Gotland auch grün blühende Exemplare der Fliegen-Ragwurz.

wie ein kleines Insekt geformt, sogar Augen und Fühler werden von der Pflanze imitiert. Sie verströmt einen Duft, der dem eines paarungsbereiten Grabwespenweibchens ähnelt. Darauf „fliegen" die Grabwespenmännchen und lassen sich durch diese doppelt raffinierte Vorspiegelung falscher Tatsachen zur Landung auf den Orchideenblüten und damit zur Bestäubung verlocken. Die Blüten der Fliegen-Ragwurz enthüllen ihre Schönheit erst bei näherem Hinsehen. Sie sind samtig-rotbraun mit einem bläulich-grauen Band in der Mitte.

Die Vogel-Nestwurz ist ebenfalls eine ungewöhnliche Orchidee. Schon auf den ersten Blick sieht man, dass ihr etwas fehlt, was die meisten anderen Pflanzen haben: das Blattgrün. Sowohl der Stängel als auch die Blüten sind eigenartig mattbraun gefärbt. Dieses ungewöhnliche Gewächs betreibt keine Photosynthese. Pilze, mit denen es in Symbiose lebt, versorgen es mit Nährstoffen. Die Vogel-Nestwurz ist häufig auf schattigen Waldböden anzutreffen. Der Name dieser Orchidee leitet sich von ihrem nestartig geformten Wurzelsystem ab.

Die seltene Kleine Einknolle oder Honigorchis verströmt einen intensiven Honigduft. Diese winzige Orchidee mit ihren gelbgrünen Blüten wird auf Gotland selten höher als 12 oder 15 Zentimeter. Deshalb nimmt man sie oft zuerst mit der Nase wahr, bevor man sie sieht. Ebenfalls bemerkenswert ist das Brand-Knabenkraut. Auch diese Orchidee ist auf Gotland eher kleinwüchsig. Die einzelnen Blüten des Blütenstands weisen purpurfarbene Tupfen auf und sehen aus wie winzige Püppchen. Manche Exemplare haben jedoch fast weiße Blüten.

Die Vogel-Nestwurz bildet in der Regel kein Chlorophyll. Ihre Stängel und Blüten haben eine eigentümliche, mattbraune Farbe.

Die gelbgrünen Blüten der winzigen Honigorchis oder Kleinen Einknolle duften stark nach Honig.

Einige Arten auf Gotland haben Standortansprüche, die ihre Verbreitung sehr einschränkt. Das Kleine Zweiblatt etwa wächst nur in milden Lagen im Schatten, benötigt Feuchtigkeit und bevorzugt kalkarmen Boden mit einem Moospolster. Man findet sie beispielsweise in den Küstenwäldern auf den Sanddünen von Fårö. Die unscheinbare Korallenwurz ist auf Gotland sehr selten. Sie wächst in feuchten, schattigen Niederungen in Wäldern (s. S. 117).

Öfter als andere Pflanzen weisen Orchideen Anomalien auf. Die Blüten sind dann nicht einheitlich geformt oder gefärbt, sondern Exemplare einer Art entwickeln unterschiedliche Eigenschaften. Oft fragt man sich, ob es sich wirklich noch um die gleiche Spezies handelt. So sind die Blüten einzelner Pflanzen beispielsweise weiß gefärbt (etwa bei dem Kleinen Knabenkraut, dem Männlichen Knabenkraut oder der Mücken-Händelwurz), während typische Artgenossen rosafarbene oder rosaviolette Blüten tragen. Andere wiederum haben eine deutlich dunklere Blütenfarbe. Von der Fliegen-Ragwurz findet man auf Gotland normalerweise braunblütige Exemplare, aber (selten) auch solche mit grünen Blüten. Teilweise werden derartige Farbvariationen auf unterschiedliche Wachstumsbedingungen zurückgeführt (pH-Wert des Bodens, Feuchtigkeit, Lichteinfall, Art und Menge der Symbionten und so weiter), teilweise sind sie genetisch bedingt. Auch die Blütezeit von Orchideen kann variieren. Auf Gotland existieren früh blühende Populationen der Pyramidenorchis, die schon ab Mitte Juni blühen, während andere erst einen Monat später im Juli ihre Blüten öffnen. Wenn die Anomalie in einem örtlich begrenzten Vorkommen

Das Eiförmige oder Große Zweiblatt hat zwei typische eiförmige Blätter, einen langen Stängel und nur kleine, unscheinbare, braun-grüne Blüten. Sie ist die häufigste Orchidee auf Gotland.

Die winzigen, rot getupften Einzelblüten des Brand-Knabenkrauts sehen aus wie kleine Püppchen.

Das Sumpf-Knabenkraut gedeiht nur an Standorten, die dauerhaft feucht sind. Typisch ist die lange Lippe im unteren Teil der Blüte, die an eine Schleppe erinnert.

Die Rotbraune Stendelwurz hat kleine, rostrote Blüten und rötlich-violett überlaufene Stängel. Sie wächst oft im kargen Strandgeröll oder in Steinbrüchen.

Die Sumpf-Stendelwurz blüht oft erst im Juli. Ihre hellen Blüten sind von besonderer Schönheit.

Die Fuchs'sche Fingerwurz wächst auf vielen Laubwiesen und an Waldrändern. Die Blütenblätter tragen ein Muster aus verschlungenen Linien und Tupfen, die Blätter sind mehr oder weniger dunkel gefleckt.

von Orchideen über viele Jahre hindurch vorliegt, sind genetische Veränderungen wahrscheinlich. Besonders bei Abweichungen in der Form der Blüten können aber auch Schädlinge oder Krankheiten die Ursache sein.

Die Abgrenzung der Arten oder die Definition, ob Unterarten oder ob nur Varietäten vorliegen, ist bei den Orchideen oft schwierig. Möglicherweise ist die Fähigkeit, verschiedene Formen, Farben oder Blühzeiten zu entwickeln, eine besonders schnell ablaufende Form der Evolution. Besonders ist auch die Eigenschaft der Orchideen, sich mit anderen Arten zu kreuzen. Im Norden Gotlands wachsen zum Beispiel Kreuzungen aus Rotem und Schwertblättrigem Waldvögelein. Auch Atavismus ist bei Orchideen ein häufiges Phänomen. Hier tauchen bei diesen Pflanzen wieder als ursprünglich geltende Merkmale auf, wie sie ihre Vorfahren besaßen.

Erlebnistipp:

Orchideen

Die Orchideensaison auf Gotland erstreckt sich von Mai bis August. Besonders von Mitte Mai bis Mitte Juli kann man an vielen Stellen Orchideen blühen sehen. Gute Stellen, um diese schönen Pflanzen zu erkunden, sind die Laubwiesen. Häufig sieht man Orchideen auch an Gräben neben der Straße, an Waldrändern, auf dem Alvar, auf feuchten Wiesen oder auf Strandwiesen. Arten wie die Fleischfarbene Fingerwurz, das Männliche Knabenkraut, das Helm-Knabenkraut oder die Zweiblättrige Waldhyazinthe sind sehr häufig und auffällig. An manchen Stellen wachsen die geschützten Pflanzen so dicht, dass man sich besser von ihnen fernhält, um nicht versehentlich auf unscheinbare Triebe und heranwachsende Exemplare zu treten. Auf Gotland kann man von Straßen- und Wegrändern aus die meisten häufigen Arten erkennen und gut fotografieren, ohne die Orchideenbestände zu gefährden oder zu schädigen. Bei kleineren, selteneren Arten braucht es etwas Übung, die Pflanzen mithilfe von spezieller Literatur zu finden und zu identifizieren. Einige Vereine und Museen, etwa das Naturum in Vamlingbo, bieten geführte Orchideenwanderungen an, wo man unter fachkundiger Leitung interessante Arten kennenlernt.

Wichtiger Hinweis: Alle Orchideen stehen auf Gotland unter Naturschutz. Sie dürfen weder gepflückt noch beschädigt werden. Das Ausgraben ihrer Wurzeln, Wurzelstöcke oder Knollen sowie auch das Ernten/Entfernen ihrer Samen sind streng verboten.

23. Alvar: Steppen des Nordens

Während der Eiszeiten trugen die Gletscher auf Gotland wie riesige Hobel große Mengen an Gestein ab. Vielerorts liegt daher der silurische Kalkstein direkt an der Oberfläche. Es entstand eine baumarme, karge Landschaftsform ohne oder mit nur dünner Bodenbedeckung. Auf Gotland und der Nachbarinsel Öland wird sie „alvar" genannt. Es gibt im Deutschen keine adäquate Übersetzung für diesen Begriff, am ehesten passt „Kalkheide" oder „Kalksteppe". Richtiges Heidekraut ist jedoch in der Regel nicht anzutreffen, da die meisten Heidearten eher sauren Boden benötigen. Vielmehr ähnelt die Kalkheide der „echten" Heide im Wesentlichen in Bezug auf ihre Kargheit. Es ist eine offene Landschaft mit wenigen Bäumen, aber mit krautigen Pflanzen, Gräsern und Wacholderbüschen. Der nackte Kalkuntergrund und loser Gesteinsschutt sind zudem mit verschiedenen Flechten und Moosen überzogen.

Karge Alvarlandschaft mit Wacholderbüschen im Stigmyr. Der nackte Kalksteinuntergrund ist von zahlreichen Rissen durchzogen, in denen sich Pflanzen ansiedeln können.

Manche Alvargebiete liegen auf nacktem Kalkstein und sind fast völlig baumlos (schwedisch „hällmarksalvar"; „häll" = Felsuntergrund), auf anderen hat sich durch Erosion Kalksteinschutt gebildet („grusalvar"). In Rissen und Spalten des Kalksteinuntergrunds und auf Schutt wachsen Wacholderbüsche („buskalvar", Buschalvar) oder vereinzelte Bäume. Der Übergang zu lichten Kiefernwäldern ist fließend. Ebenso gibt es Übergänge zwischen Alvar und Feuchtgebieten, wenn sich in Mulden oder Senken im Kalkstein abflusslose seichte Gewässer bilden oder Grundwasser aus dem Boden hervortritt.

Auf Gotland erstrecken sich dort, wo Kalkstein ansteht, viele kleine Alvar-Gebiete. Weitaus ausgedehntere Kalksteppen finden sich auf der Nachbarinsel Öland, etwa Stora Alvaret, das größte Alvargebiet Schwedens. Sonstige Kalkheiden gibt es in Europa nur auf dem schwedischen Festland (Falbygden/Västergötland) und in Estland (beispielsweise auf den Inseln Saaremaa und Hiiumaa).

„Grusalvar" mit Kalksteinschutt und Polygonbildungen östlich von Bläse. Unter dem Einfluss von Feuchtigkeit sowie durch wiederholtes Gefrieren und Auftauen können sich im Winterhalbjahr durch bestimmte physikalische Prozesse Polygone (vieleckige Strukturen, „Frostmuster") bilden, wie sie auch aus der Tundra bekannt sind.

Die Mauerraute, ein kleiner Farn, der gern in Gesteinsspalten und Mauerritzen wächst, ist auf Gotlands Alvar weit verbreitet.

Durch seine spezielle Vegetation ist das Alvar ein Paradies für Pflanzenliebhaber und Botaniker. Der Kalkstein wird durch die lange Sonnenscheindauer im Sommerhalbjahr erwärmt, sodass am Boden ein trocken-warmes Mikroklima herrscht. Andererseits müssen die Pflanzen im Winterhalbjahr tundrenähnliche Bedingungen mit Wind, Nässe und Frost ertragen. Trotzdem gibt es hier Gewächse, die man eher viel weiter südlich erwartet, zum Beispiel das Sonnenröschen. Diese wärmeliebende Pflanze ist ein Relikt aus wärmeren Klimaperioden in der Vergangenheit[1], während derer sie nach Norden vordringen konnte. Anderswo überlebte sie nachfolgende Abkühlungsperioden nicht, wohl aber auf einigen Kalksteininseln der Ostsee.

Es ist erstaunlich, wie manche Pflanzen auf dem kargen Untergrund wachsen und gedeihen können. Man kann beobachten, dass sich in einem kleinen Moospolster auf dem Kalk etwas Bodenmaterial sammelt und sich weitere Pflanzen ansiedeln, zum Beispiel der Scharfe Mauerpfeffer, der Weiße Mauerpfeffer oder kleine Gräser. In Ritzen im Gestein finden sich Blutroter Storchschnabel, Sonnen- und Nadelröschen. Knöllchen-Steinbrech und Schwalbenwurz gehören auch zu den genügsamen

Die Schwalbenwurz hat ledrige, dunkelgrüne Blätter und kleine, cremefarbene Blüten. Sie wächst in kargem Kalksteingeröll, in Spalten und Ritzen, sowohl auf dem Alvar als auch an Steinstränden, auf alten Strandwällen oder auf Ödflächen. Selbst bei großer Trockenheit wirkt sie noch frisch.

1 Nach dem Ende der letzten Eiszeit war das Klima nicht immer so, wie wir es heute kennen. Es gab deutlich wärmere, aber auch viel kältere Zeitabschnitte. Vor circa 4.000 bis 8.000 Jahren lag die durchschnittliche Jahrestemperatur um circa 2 °C höher als heute. In der sogenannten „Kleinen Eiszeit", die etwa im 15. Jahrhundert begann und bis in das 19. Jahrhundert hineinreichte, lagen die mittleren Jahrestemperaturen hingegen deutlich unter den heutigen.

Der Alvar-Schnittlauch blüht im Mai und Juni. Auf kargen Flächen bildet er manchmal dichte Bestände mit hellen fliederfarbenen Blüten. Er ist deutlich kleiner als der bekannte Garten-Schnittlauch.

Auch der Scharfe Mauerpfeffer ist an trockene, steinige Standorte angepasst. Er hat kleine, fleischige Blätter. Die leuchtend gelben Blüten erscheinen ab Anfang Juni.

Das seltene Frühlings-Adonisröschen hat große, goldgelbe Blüten und filigrane Blätter.

Alvar-Bewohnern. Und natürlich viele, viele weitere Arten, wie Alvar-Schnittlauch, Oregano und Sandthymian. Wandert man über ein Gelände mit Sandthymianbestand, steigt einem immer wieder dessen würziger Geruch in die Nase; nicht nur in dieser Hinsicht ähnelt Gotland im Sommer den Landschaften des Mittelmeeres. Eine besondere Pflanze, die im äußersten Süden Gotlands und auf Stora Karlsö gedeiht, ist das Frühlings-Adonisröschen, eine gelb blühende Steppenpflanze aus der Familie der Hahnenfußgewächse.

Die Überlebensstrategien der Alvarpflanzen bestehen beispielsweise darin, besonders fleischige Blätter zu entwickeln, die Feuchtigkeit speichern, oder aber durch silbrige Behaarung der Blätter das Sonnenlicht zu reflektieren und die Verdunstung herabzusetzen. Andere Pflanzen, wie die Schwalbenwurz, reduzieren den Wasserverlust durch ledrige Blätter. Eine ganz besondere Methode hat das Nickende Leimkraut entwickelt. Tagsüber sehen die zarten Blüten und Blätter dieses Nelkengewächses aus wie verwelkt, ja geradezu vertrocknet. Erst abends und nachts lebt die Pflanze auf und entfaltet ihre Blüten. Sie wird von Nachtfaltern bestäubt. Viele Pflanzen des Alvars trifft man auch an steinigen Stränden und Steilküsten an.

Der offene Charakter der Alvarlandschaft ist nicht nur dem Kalksteinuntergrund geschuldet, sondern auch einer jahrhundertelangen Beweidung. In früheren Zeiten wurde auch scheinbar unfruchtbares Land als Weide genutzt, insbesondere für

Das Nickende Leimkraut sieht tagsüber welk aus, blüht aber in der Dämmerung auf.

Klein und zierlich: die Ästige Graslilie, eine weitere typische Bewohnerin der Alvarflächen

Schafe. Dadurch wurde das Wachstum von Büschen und Bäumen stark eingeschränkt. Durch mangelnde Beweidung drohen heute manche Alvargebiete zu verbuschen und verlieren dann ihr steppenartiges Aussehen.

Der von der Sonne erwärmte Kalkuntergrund ist für Insekten und Reptilien ein attraktiver Lebensraum. An warmen Sommertagen entdeckt man zum Beispiel die leuchtend rot-schwarz-weiß gefärbten Ritterwanzen, grüngolden glänzende Rosenkäfer oder eine Vielzahl von Schmetterlingen, darunter den Apollofalter und den Schwalbenschwanz. Mit Glück sieht man Waldeidechsen oder Ringelnattern, die sich sonnen.

Das weiß blühende Kleine Mädesüß ist auf Gotlands Alvar sowie auf Trocken- und Halbtrockenrasen weit verbreitet.

Der Sandthymian hat kleine, rosafarbene Blüten und riecht würzig. Er blüht vom Frühsommer bis in den Herbst hinein.

Der Ockerbindige Samtfalter ist durch seine Färbung hervorragend getarnt. Er bevorzugt das offene, karge Alvar als Lebensraum.

Erlebnistipp:

Das Alvar entdecken

Kleinere und größere Alvarflächen gibt es in vielen Gegenden Gotlands, besonders an der Nordwestküste zwischen Ire und Hallshuk, bei Hejnum im Nordosten, auf dem südlichsten Zipfel (Storsudret) und auf Fårö. Einen guten Eindruck erhält man auf einer Fahrt auf der Straße 149 von Visby nach Norden (besonders im Gebiet nordöstlich von Ire/Stigmyr) oder auf der 142 von Burgsvik nach Hoburgen, wobei man hinter Vamlingbo auf die Küstenstraße abbiegen sollte. Auf Fårö kann man vom Fähranleger aus an der Kirche von Fårö vorbei Richtung Lauterhorn fahren. Im Frühjahr und Frühsommer zeigen sich in der kargen Landschaft zahlreiche, bunt blühende Blumen. Im Spätsommer wirkt die schüttere Vegetation jedoch oft wie verdorrt. Aber auch dann blühen hier botanische Kostbarkeiten wie die Ästige Graslilie. Die Fruchtstände vieler Gräser, zum Beispiel die des Wimper-Perlgrases, glänzen silbrig im Sonnenlicht. Bei schönem Wetter wirkt das Alvar heiter und idyllisch, bei bedecktem Himmel eher düster und melancholisch. Wer sich für besondere Pflanzen, Vögel und Insekten interessiert, sollte unbedingt einmal eine Wanderung in dieser beeindruckenden, kargen Landschaft unternehmen.

24. Gotlands Wälder: Viel Licht und wenig Schatten

Gotland ist eine sehr waldreiche Insel. Ungefähr 45 % der Inselfläche sind bewaldet, davon entfallen 90 % auf Nadelwald (vorwiegend Kiefer) und nur 10 % auf Laubwald (vorwiegend Eiche, Ulme, Esche, Hasel und Linde).

Durch den Raubbau für die Brennöfen der Kalkindustrie wurden Gotlands Wälder in den vergangenen Jahrhunderten stark geschädigt. Die ursprünglichen Laubwälder, die noch im Mittelalter große Teile der Insel bedeckt hatten, wurden zum großen Teil unwiederbringlich zerstört. Heute überwiegt Kiefernwald. Um 1730 erging ein Gesetz, mit dem der Holzeinschlag reglementiert wurde, um die ungezügelten Abholzungen einzuschränken. Im späten 18. Jahrhundert wurde der Bau von Steinhäusern gefördert, indem die Krone dafür 20 Jahre Steuerfreiheit gewährte.

Das Große Windröschen besitzt deutlich größere Blüten als das bekannte Buschwindröschen.

Maiglöckchen blühen auf Gotland meist erst im Juni. An Waldwegen finden sich an vielen Stellen quadratmetergroße Bestände.

Das Waldbrettspiel ist ein typischer Bewohner lichter Wälder. Der Schmetterling sonnt sich gern an Waldrändern und auf Lichtungen.

Der seltene Ziegenmelker ist nachtaktiv und ernährt sich unter anderem von Nachtfaltern. Den Tag verschläft er auf Bäumen oder auf dem Boden. Durch sein braunes Gefieder ist er hervorragend getarnt.

Der gotländische Kiefernwald ist in der Regel deutlich lichter und trockener als der Laubwald. Auch ist er durch frühere oder auch aktuelle Beweidung oder den kargen Kalksteinuntergrund vielerorts arm an Gebüsch und wirkt manchmal fast parkartig. Die Sonnenstrahlen durchdringen den lockeren Baumbestand und lassen die gotländischen Nadelwälder viel heller und freundlicher wirken als ihre dunkleren Gegenstücke auf dem Festland oder in Mitteleuropa. Insgesamt ist der Waldboden in gotländischen Nadelwäldern artenärmer als in Laubwäldern. Aber auch hier wachsen besondere Pflanzen wie das Große Windröschen, das Maiglöckchen oder das Schwertblättrige Waldvögelein. Und natürlich kann man mit etwas Glück sowohl in Nadel- als auch in Laubwäldern auf Gotland interessante Tiere beobachten, darunter viele Schmetterlings- und Libellenarten, die den Windschutz auf Waldlichtungen dem fast ständigen Wind im offenen Gelände vorziehen, oder seltene Vögel wie Schwarzspecht und Kreuzschnabel.

In feuchten, schattigen Wäldern, besonders in Laubwäldern, oder auch auf Laubwiesen findet sich ein typisches Gewächs, das man schon von weitem deutlich riechen kann: der Bärlauch. Dieses Zwiebelgewächs ist ein enger Verwandter des Knoblauchs. Es besitzt weiße, lilienartige Blüten und große, grüne Blätter, die essbar sind. Auf dem schwedischen Festland ist Bärlauch übrigens selten und streng geschützt. In manchen gotländischen Wäldern und Gehölzen blühen im Frühjahr Teppiche von Buschwindröschen, Gelben Windröschen und blauen Leberblümchen.

Die zarten, blau-lila blühenden Leberblümchen zählen zu den Frühblühern.

Der Bärlauch duftet intensiv knoblauchartig. Die großen, würzig schmeckenden Blätter treiben im Frühjahr aus. Schon Mitte/Ende Juni welken sie.

25. Laubwiesen: Kleine Paradiese von Menschenhand

Auf Gotland und der Nachbarinsel Öland trifft man vielerorts noch auf eine land(wirt)schaftliche Besonderheit: die Laubwiese[1] (schwedisch „löväng" oder kurz und weniger präzise „äng", gotländisch auch „änge"). Es sind fruchtbare Wiesen, oft mit Moränenmergel als Untergrund, die mit einem lockeren Bewuchs von laubtragenden Büschen und Bäumen bestanden sind, jedoch ohne Unterholz. Der Wiesengrund bekommt so im Verlauf des Tages zeitweise direktes Sonnenlicht, liegt aber zeitweise auch im Schatten. Gegenüber „normalen" Heuwiesen, die es auf Gotland natürlich auch gibt, haben sie den Vorteil, dass sie in trockenen Jahren besser vor dem Verdorren geschützt sind.

Von einem solchen Reichtum an bunten Wiesenblumen wie auf Östergarns Prästänge werden zahlreiche (und auch seltene) Insekten angelockt.

1 Da der Untergrund in den verschiedenen Gegenden Gotlands jedoch nicht immer günstig für Laubbäume ist, gibt es mancherorts auch derartige Wiesen mit nur wenigen Laubbäumen oder -büschen, aber lichtem Kieferbewuchs. Andere befinden sich an Stränden und weisen nur wenige Büsche oder Bäume auf. Streng genommen sind es dann eher „Kiefernwiesen" und „Strandwiesen".

Auf den traditionellen Laubwiesen sorgen Büsche und Bäume im Tagesverlauf für wandernden Schatten.

Laubwiesen sind besonders oft in der Umgebung von altem Siedlungsland oder Kirchen anzutreffen, aber auch in oder in unmittelbarer Nähe von Dörfern oder Höfen. Sie stellen eine sehr ursprüngliche Form der landwirtschaftlichen Nutzung dar. Es gibt sie wahrscheinlich schon seit 1.500 Jahren. Manche Historiker meinen sogar, dass diese Art der Bewirtschaftung schon seit etwa 2.000 Jahren existiert. Auf den Laubwiesen dienten nicht nur das Gras und die Kräuter zur Gewinnung von Viehfutter für den Winter. Auch dünne, belaubte Zweige der Büsche und Bäume wurden zu diesem Zweck geerntet und getrocknet. Das Gras wurde gewöhnlich nach Mittsommer beziehungsweise im Juli geschnitten. Im Spätsommer und Herbst war die Laubwiese Viehweide. Im Juli und August wurde das Laub geerntet. Im Mai rechte man das alte Laub vom vorigen Herbst zusammen und verbrannte es, damit das neue Gras besser wachsen konnte. Häufige Baumarten auf den Laubwiesen sind Esche, Ulme, Linde, Eiche und Hasel.

Mit der Einführung von Kunstdüngern etwa in den 1880er Jahren und der Modernisierung der Landwirtschaft im 20. Jahrhundert war die traditionelle Laubwiesenbewirtschaftung nicht mehr lohnend. Viele Laubwiesen wurden in Ackerland umgewandelt, andere ließ man mit Bäumen und Sträuchern überwachsen. Nur noch etwa 1% der Fläche, die Mitte des 19. Jahrhunderts von Laubwiesen bedeckt war, wird heute noch erhalten. Immerhin gibt es auf Gotland noch etwa 150 Laubwiesen, was sehr viel ist im Vergleich zum schwedischen Festland. Durch ehrenamtliches Engagement sorgen Dorfgemeinschaften oder Vereine für die Pflege der verbliebenen

Die Einbeere kann man an ihren vier symmetrisch angeordneten Blättern erkennen.
Foto: Dr. A. Popp

Der gelb blühende Klappertopf ist eine typische Pflanze auf Gotlands Laubwiesen.

Die Grüne Hohlzunge ist eine kleine Orchidee mit grün-rotbraunen Blüten, die bevorzugt auf Laubwiesen gedeiht. Sie wird meistens nur etwa 20 Zentimeter hoch.

Auf vielen Laubwiesen findet man die filigranen Blütenstände der Mücken-Händelwurz. Diese Orchidee blüht rosa, hellrosa oder weiß.

Der Knöllchen-Steinbrech hat zarte, weiße Blüten. Man findet ihn auf vielen Laubwiesen, auf Strandwiesen und auf dem Alvar. Die Schweden nennen ihn „mandelblomma“.

Laubwiesen. Hierzu sind das regelmäßige Abmähen des Grases und das Entfernen des Unterholzes erforderlich. Gerade diese Maßnahmen sind es, die bewirken, dass die Laubwiesen eine einzigartige und sehr artenreiche Flora und Fauna entwickeln konnten. Die Mahd ermöglicht konkurrenzschwachen Pflanzen das Überleben, die sonst von Gras und anderen starkwüchsigen Pflanzen überwuchert würden. Viele Orchideenarten gedeihen im lichten Schatten der Laubwiesen, darüber hinaus andere spezielle Pflanzen wie die Einbeere und der Klappertopf. Letzterer ist ein Indikator dafür, wann die Heumahd fällig ist: nämlich dann, wenn die Samen in den Früchten klappern (daher auch der seltsame Name).

In den Büschen und Bäumen dieser einzigartigen Kulturlandschaft leben viele Vögel, die hier nisten und auf Nahrungssuche gehen. Im Frühjahr und Frühsommer kann man morgens und am späteren Abend einem wahren Konzert an Vogelstimmen lauschen. Neben Meisen, Finken, Laubsängern, Grasmücken, Spechten,

Der Halsbandschnäpper hat ein schwarz-weißes Gefieder. Um den Hals bilden die Federn einen weißen Ring. Der Gesang dieses Vogels ist sehr charakteristisch und hört sich irgendwie „gepresst“ an.

Drosseln, Eulen und dem Kuckuck finden sich auf gotländischen Laubwiesen unter anderem der seltene Halsbandschnäpper und der Sprosser (ein enger Verwandter der Nachtigall mit ähnlich herrlichem Gesang). Auch andere Tiergruppen profitieren von der ökologisch sinnvollen Nutzung der Laubwiesen, zum Beispiel Käfer und Schmetterlinge.

Erlebnistipp:

Laubwiesen erkunden

Viele der etwa 150 auf Gotland noch erhaltenen Laubwiesen sind für Besucher zugänglich. Die idyllischen, parkartigen Flächen sind biologisch wertvolle Refugien für Pflanzen und Tiere. Sie sind unbedingt einen (oder auch viele) Besuch(e) wert. Einige sind mit Zäunen oder Steinmauern eingefriedigt. Meist geben Informationstafeln am Eingang Auskunft über die Besonderheiten des jeweiligen Standortes. Besonders schöne oder botanisch interessante Laubwiesen sind beispielsweise Allkvie Lövänge bei Hejdeby, Alvena Lindaräng bei Vallstena, Anga Prästäng bei Anga, Fide Prästäng bei Fide, Hall Kyrkänge an der Kirche von Hall oder Östergarns Prästänge an der Kirche von Östergarn.

Wichtiger Hinweis: Man sollte (besonders kurz vor der Heuernte) nicht einfach querfeldein gehen, sondern möglichst die Pfade benutzen, um geschützte Pflanzen und Tiere nicht niederzutreten.

26. Seen, Feuchtgebiete und Moore: Sumpfherzblatt und schneidendes Schilf

Auf Gotland gibt es einige Seen („träsk“) und kleinere Wasserläufe („å“). Die Seen sind bis auf wenige Ausnahmen seicht und oft mit einem Gürtel aus Sauergräsern oder Schilf umgeben oder sogar mehr oder weniger zugewachsen. Das Wasser ist, bedingt durch den Untergrund, oft sehr kalkhaltig, der Grund mit Kalkschlamm (Kalkgyttja) bedeckt. Der Kalk in diesem Schlamm stammt überwiegend aus den Schalen und Skelettelementen abgestorbener und zu Boden gesunkener Wasserlebewesen, vor allem aus Mikroorganismen. Kalkabscheidende Blaugrünalgen (Cyanobakterien) können Kalkkrusten auf Steinen und anderen geeigneten „Unterlagen“ bilden. Auch die ebenfalls kalkaffinen Armleuchteralgen (Charales) tragen auf Gotland zur Kalkgyttja-Bildung bei. Im Schwedischen werden weiße oder hellbraune, poröse Kalkablagerungen in Seen oder anderen Gewässern, beispielsweise von im Sommer austrocknenden feuchten Senken, auch „bleke“ genannt.

Die Seen ziehen viele Vögel an, die hier brüten und nach Nahrung suchen, zum Beispiel Enten und Gänse, Kraniche, Kiebitze, Bekassinen oder Rotschenkel. Unter den im flachen Wasser wachsenden Pflanzen sind wegen ihrer Schönheit der Fieberklee und die Gelbe Schwertlilie hervorzuheben.

Der Fieberklee hat filigran geformte, weiße, rosa überhauchte Blüten (a) und ledrige Blätter, die entfernt an Kleeblätter erinnern (b).

Leuchtende Schönheit: die Gelbe Schwertlilie

Neben dem „normalen" Schilf gibt es auf Gotland eine Sauergrasart, die in der Landessprache „ag" genannt wird, nämlich die Binsenschneide (Schneidried). Diese Pflanze ist kalkliebend und auf der Insel weit verbreitet. Sie gedeiht auf nassen Wiesen, in Mooren und in den Uferzonen von Gewässern bis in etwa 70 Zentimeter Wassertiefe. Die Halme sind lang und stabil genug, um sie handwerklich zu verarbeiten. Sie sind jedoch sehr scharfkantig, daher der deutsche Name der Pflanze. Traditionell werden mit „ag" die Dächer von Ställen und Scheunen gedeckt. Ein solches Dach kann 40 bis 50 Jahre halten. Die Binsenschneide gilt wie das Sonnenröschen als Reliktpflanze früherer Warmzeiten.

In manchen Seen liegen kleine Inseln, etwa im Bästeträsk oder im Fardumeträsk im Norden Gotlands. Sie bilden einen willkommenen Nistplatz für manche Vogelarten. Die Inseln im Bästeträsk sind Vogelschutzgebiete.

Einige Seen liegen sehr nahe an den Küsten und sind von flachen Strandwiesen umgeben. Manche von ihnen, zum Beispiel Paviken, Bogeviken und Inre Stockviken, waren früher Buchten der Ostsee, die durch Strandwälle oder Nehrungen, aber auch durch die Landhebung nach und nach weitgehend vom Meer abgeschnitten wurden. Die ostseenahen Seen werden gern von Küstenvögeln zur Nahrungssuche aufgesucht. Auch nisten hier viele Wie-

Statt Schilf wächst auf Gotland vielerorts die Binsenschneide.

Muskmyr - ein Moor im Süden Gotlands mit kleinen Wasserflächen und dichtem Röhrichtgürtel. Hier halten sich oft Kraniche, Entenvögel, Limikolen und verschiedene Raubvögel auf.

senbrüter wie Kiebitz oder Brachvogel, sodass diese Gebiete ein Paradies für die Vogelbeobachtung darstellen.

Wie man durch archäologische Untersuchungen feststellte, war Paviken nahe Västergarn in der Wikingerzeit bis etwa zum Ende des 10. Jahrhunderts ein bedeutender Hafen. Er war strategisch günstig gelegen, da man die damalige schmale Einfahrt zum Meer hin gut verteidigen und abriegeln konnte. Die Versorgung mit Trinkwasser war durch einen kleinen Fluss gesichert.

Die Bogevik ist ein wichtiger Laichplatz für viele Fischarten. Direkt südlich von Slite befinden sich die Sieben Ströme (Sjuströmmar). Diese schmalen, teilweise künstlich angelegten Wasserrinnen verbinden die Bogevik mit der Ostsee. In früheren Jahrhunderten fing man hier mit großen Keschern Fische oder speerte sie mit Fischgabeln, wenn sie in Schwärmen zum Laichen in die Wiek schwammen. Die Fischereirechte wurden dabei unter den Höfen der benachbarten Kirchspiele aufgeteilt und unterlagen strengen Regeln.

Erlebnistipp:

Die Blaue Lagune

Im Norden Gotlands liegt ein Badeparadies der besonderen Art: „Blå Lagunen", die Blaue Lagune. Dabei handelt es sich nicht um eine wirkliche Lagune, sondern um einen aufgegebenen Steinbruch, den man mit Wasser volllaufen ließ. Der künstliche See hat tiefblaues Wasser und einen Badestrand. Er ist an Sommertagen ein beliebtes Ausflugsziel.

Interessanter Badeort: die Blaue Lagune, ein mit Wasser gefüllter, ehemaliger Steinbruch

Ein „vät" ist eine flache Senke, die im Herbst und Winter durch Niederschläge beziehungsweise im Frühjahr nach der Schneeschmelze mit Wasser gefüllt ist, im Sommer aber austrocknet. Sie entsteht in flachen Niederungen, wenn der Boden schlecht wasserdurchlässig ist, zum Beispiel auf mergeligem Untergrund oder auf Kalksteinplateaus. Der Übergang zu Feuchtwiesen ist fließend. Vät-Flächen sind oft sehr vegetationsarm, denn nur wenige Pflanzen ertragen die extremen Bedingungen mit winterlicher Überschwemmung und sommerlichem Austrocknen. Zu diesen zählen bestimmte Gräser und Seggen, aber auch manche Orchideenarten, zum Beispiel die Fliegen-Ragwurz oder die Fleischfarbene Fingerwurz.

Durch Niederschläge gespeiste, saure und nährstoffarme Hochmoore sind typisch für das schwedische Festland (und beispielsweise auch für Norddeutschland). Auf Gotland gibt es sie nur vereinzelt. Häufiger sind Niedermoorbildungen durch Wasser, das aus der Umgebung zufließt („kärr"). Das Wasser ist hier überwiegend kalkhaltig, der Wasserspiegel schwankt im Jahresverlauf.

Im kalkhaltigen Wasser von Gotlands Seen und Senken kann man manchmal kalkliebende oder kalkabscheidende Algen beobachten, die den Grund wie ein Teppich überziehen.

Sommertrockenes Gelände im Stigmyr. Im Winterhalbjahr stehen diese Flächen oft unter Wasser, im Sommer blühen hier zahlreiche Orchideen.

Botes Källmyr bei Lojsta. In diesem mit Wollgras gesäumten Quellmoor tritt Wasser aus dem Untergrund aus.

Unter „källkärr“ oder „källmyr“ versteht man ein Niedermoor, das von Quellen beziehungsweise aufsteigendem Grundwasser gespeist wird (schwedisch „källa“ = Quelle). Sie liegen oft am Rand von fossilen Strandwällen, an Osern[1] oder unter Kliffabhängen. Das Wasser in Gotlands Quellmooren ist meistens kalkhaltig. Durch Fällung bilden sich Kalkkrusten auf dem Untergrund oder auch auf abgestorbenen Pflanzen. Diese besondere Form von Feuchtgebiet ist für manche Tiere wichtig, denn das stetig aus dem frostfreien tieferen Untergrund hervortretende Wasser gefriert im Winter nicht oder nur bei sehr tiefen Außentemperaturen. So können Wildtiere hier auch im Winter trinken beziehungsweise einige Vogelarten hier überwintern. Besondere Pflanzen dieses Lebensraums sind Fettkraut (Alpen-Fettkraut mit weißen Blüten und Gemeines Fettkraut mit blauen Blüten im Frühsommer), Mehlprimel oder Rostrotes Kopfried (schwedisch „axag“). Die wohl schönsten Blüten hat das Sumpf-Herzblatt (schwedisch „slåtterblomma“). In manchen Quellmooren Gotlands finden sich Teppiche von Wollgras mit ihren weißen, flaumigen Fruchtständen. An bestimmten Standorten kann man auch Sonnentau beobachten, der zu den fleischfressenden Pflanzen zählt und einen Teil seiner Nährstoffe aus Insekten bezieht. Diese werden mithilfe klebriger Absonderungen an den Blättern gefangen.

1 Oser sind damm- oder wallartige Aufschüttungen von Schmelzwasserkies oder -sand, die während der Eiszeit überwiegend unter Gletschereis gebildet wurden.

Große Wollgrasbestände zieren die Feuchtgebiete von Rovätar bei Hejnum.

Das Gemeine Fettkraut besitzt klebrige Blätter, an denen nach dem „Leimrutenprinzip" kleine Insekten haften bleiben. Die Blattränder können eingerollt werden. Daraufhin wird die Beute durch Enzyme verdaut.

Die zierliche Kelch-Simsenlilie braucht „nasse Füße". Sie ist darüber hinaus ein Kalkzeiger. Die Kelch-Simsenlilie gibt es innerhalb Schwedens nur auf Gotland. Andere Vorkommen liegen in Estland und in den Gebirgen Mittel- und Südeuropas.

Das Sumpf-Herzblatt besitzt weiße Blütenblätter mit feiner Nervatur und goldgelbe Staubgefäße.

Die rosa Blüten der Mehlprimel erscheinen im Mai und Juni. Der schwedische Name dieser Blume, „majviva", ist viel hübscher als der deutsche.

Sonnentau (hier: Langblättriger S.) ist eine „fleischfressende" Pflanze, deren Blätter kleine, klebrige Tropfen absondern, die wie Tau aussehen. An diesen bleiben unvorsichtige Insekten hängen.

Das Wollgras hat flaumartige, helle Fruchtstände, die wie kleine Fahnen im Wind wehen.

Auf Gotland finden sich kleine und große Moorflächen mit Röhrichten aus Binsenschneide oder Schilf. Eines der größten derartigen Moore ist das Träskmyr bei Kappelshamn. An den Rändern dieser Moore gedeihen verschiedene Weidenarten, Erlen und der Gagelstrauch. Im Gebüsch und im Röhricht nisten viele Singvögel. Auf kleinen, geschützten Wasserflächen halten sich verschiedene Entenarten auf. Über den Mooren kann man oft jagende Raubvögel sehen, mit etwas Glück sogar einen Adler.

Das Träskmyr ist eines der größten Feuchtgebiete Nordgotlands. Riesige Areale sind hier mit Binsenschneide und Schilf bewachsen, unterbrochen durch kleinere offene Wasserflächen.

Bei warmem Wetter duftet im Träskmyr der Gagelstrauch. Sein aromatischer Geruch erinnert entfernt an Zimt. Er wächst in den Uferzonen der Moore und verträgt sowohl sauren als auch kalkhaltigen Untergrund.

Erlebnistipp:

Moorwanderungen auf Gotland

Wegen des Reichtums an besonderen Pflanzen ist eine Wanderung durch ein gotländisches Moor, durch feuchte Wiesen oder „vät“-Areale eine interessante Erfahrung. Viele Orchideenarten finden sich hier, zum Beispiel die Fleischfarbene Fingerwurz samt Unterarten, die Sumpf-Stendelwurz oder das Sumpf-Knabenkraut. Mit Glück und Vorsicht kann man auch Kraniche, Brachvögel oder andere interessante Vogelarten sowie Libellen, Schmetterlinge und Käfer beobachten. Einige Feuchtgebiete sind durch Bohlenwege und Wanderwege gut erschlossen, etwa das Muskmyr südlich von Burgsvik, Kallgateburg/Rovätar bei Hejnum, das Träskmyr bei Kappelshamn oder Mallgårds Källmyr und Botes Källmyr zwischen Fröjel und Lojsta.

27. Strandwälle und Strandwiesen: Steinige Einöden und Vogelkinderstuben

Steine, soweit das Auge reicht: Gotlands Steinstrände sind atemberaubend. Durch Stürme wird loses Gestein zu Strandwällen aufgetürmt. Die allmähliche Landhebung seit der Eiszeit führte dazu, dass regelrechte Gürtel verschieden alter Strandwälle an einigen Küstenabschnitten entstanden, mit Unterbrechungen je nach dem Wasserstand der Ostsee und ihrer Vorläufer. Sie liegen treppenartig hintereinander. Die höher gelegenen, älteren Strandwälle wurden im Lauf der Zeit allmählich mit Vegetation bedeckt. Manche alten Wälle finden sich in küstennahen Wäldern oder Wiesen, oft deutlich erkennbar unter dem Bewuchs. An anderen Stellen erstrecken sich weite, kahle „Klappersteinfelder“: Kalksteingeröll, Steine und Blöcke mit von der Brandung gerundeten Kanten, in tausend Schattierungen von Grau, dazwischen mitunter bunte Gesteine aus dem nördlichen Ostseegebiet.

Die Lebensbedingungen an den Steinstränden sind rau, mit sengender Sonne und Trockenheit im Sommer und eisigen Winden, Frost und Schnee im Winter. Der Teil dieser Strände, der im Einflussbereich der winterlichen Sturmhochwasser liegt, ist meist frei von Vegetation. Je weiter landeinwärts sich die Steinfelder befinden, desto mehr Pflanzen gelingt es, Fuß zu fassen, bis das Gelände in lichten Wald übergeht. Das Ruprechtskraut ist eine der Pionierpflanzen, die auf den Steinstränden wachsen können. Der imposante, weiß blühende Strandkohl oder die aparte, bläulich-grüne

Das Ruprechtskraut besiedelt steinige Strände. Es hat kleine rosafarbene Blüten, die Blätter sind oft rot überlaufen. Die Pflanze riecht unangenehm und wird daher auch Stinkender Storchschnabel genannt.

Stranddistel sind weitere Gewächse, die Steinstrände (und auch Sandstrände) zu besiedeln vermögen. Ihre Blüten werden von Hummeln, Bienen, Schwebfliegen und Schmetterlingen besucht. Landeinwärts werden ältere Strandwälle oft mit Bärentraube überwachsen, einem kriechenden Strauch, der eng mit der Heidelbeere und der Preiselbeere verwandt ist. Mitunter sieht man auch Kiefern, die sich einzeln oder in kleinen Gruppen auf die steinigen Wälle vorgewagt haben.

Auch Tiere leben in der steinigen Ödnis. Spinnen gehen zwischen den Steinen auf Insektenjagd, Fliegen finden Nahrung im angespülten Tang, Vögel nutzen die Steinstrände als Ruhe- und Nistplätze und den Spülsaum für die Nahrungssuche. Häufig formen Sandregenpfeifer, Austernfischer oder Küstenseeschwalben einfache Nistmulden in den Untergrund. Die dunkel gefleckten Eier sind gut getarnt und auf dem steinigen Boden kaum zu sehen.

Der Strandkohl hat kräftige, weiße Blütenstände und blaugrüne, fleischige Blätter. Er wächst an Stränden und auf Strandwällen. Früher wurde er in Notzeiten gegessen.

Wohl die schönste Pflanze an Gotlands Stränden ist die blau blühende Stranddistel. Sie lockt mit ihren Blüten vor allem Hummeln und Schmetterlinge an.

Die Salzmiere ist an vielen Stränden der Ostsee verbreitet. Sie hat kleine, schuppenartige, fleischige Blätter, die Wasser speichern können.

Zu seiner Blütezeit im Frühsommer färbt das Milchkraut viele Strandwiesen rosa.

Die Holunder-Fingerwurz blüht auf alten Strandwällen und auf dem Alvar. Diese Orchidee kommt in einer violetten (vorn) und einer gelben Form vor, obwohl es sich um die gleiche Art handelt. Die Schweden nennen sie „Adam och Eva".

Schon Carl von Linné berichtete über den Färber-Waid, der auf vielen Geröllstränden und Strandwiesen Gotlands vorkommt. Man kann mit dieser Pflanze Stoffe blau färben. Bevor es synthetische Farbstoffe gab, war Waid eine einheimische Alternative zum Indigo.

An Gotlands Küsten sieht man im Spätsommer die gelben knopfartigen Blüten des Strandwermuts.

Die genügsame Bärentraube überwächst ältere Strandwälle. Ihre ledrigen Blätter widerstehen der Austrocknung durch Wind und Sonne.

In seiner Kargheit und Weite wunderschön: Steinstrand mit einsamen Kiefern und Schwalbenwurz bei Marpes auf Fårö

Das Nest der Austernfischer ist eine einfache Mulde im Kies oder Sand. Die Eier sind durch ihre Flecken gut getarnt.

Aus größerer Entfernung fällt das Möwengelege auf dem mergeligen Kalksteinschutt kaum auf. Erst von Nahem erkennt man die hübschen, dunkel gefleckten Eier.

Erlebnistipp:

Klappersteinfelder

An der Ostseite der Bucht von Kappelshamn liegt das Naturschutzgebiet Grodde. Hier und nördlich des Ortes Bläse finden sich am Wasser beeindruckende, schier endlose Klappersteinfelder. Weitere befinden sich an der Ostküste südöstlich von Gothemhammar und auf Fårö.

Weitläufige Geröllfelder erstrecken sich an der Ostseite der Kappelshamn-Bucht.

Während der Nordwesten Gotlands von kilometerlangen Steilküsten geprägt ist, sind die Küsten auf dem Rest der Insel überwiegend flach. In seichten Buchten oder im Schutz von Landzungen und vorgelagerten kleinen Inseln konnten sich fruchtbare, schlickige Ablagerungen bilden. Auf diesen gedeihen Strandwiesen. Sie werden teilweise als Weideland für Schafe und Rinder genutzt. Die Beweidung hält die Verbuschung im Zaum, der Bewuchs bleibt niedrig. Der Bereich unmittelbar an der See wird bei Wind beziehungsweise im Winterhalbjahr oft vom Meer überspült. Die Pflanzen hier benötigen eine gewisse Salztoleranz, besonders dort, wo sich Pfützen bilden und sich durch Verdunstung des Meerwassers Salz anreichern kann. Der salztolerante Queller, der beispielsweise an der deutschen Nordseeküste wächst, ist auch auf Gotland zu finden, etwa bei Burgsvik und Näsudden.

Durch die artenreiche Vegetation und die Vielzahl an Insekten und bodenlebenden niederen Tieren bieten die Strandwiesen zahlreichen Vogelarten einen reich gedeckten Tisch. Die offene Landschaft ist ein bevorzugtes Brutrevier für Bodenbrüter wie Austernfischer, Kiebitz oder Rotschenkel. Wo die Beweidung aufgegeben wird, drohen die Strandwiesen von hohen Gräsern oder Gebüsch überwuchert zu werden.

Ein Brachvogelküken sucht auf einer strandnahen Wiese auf Fårö nach Nahrung. Ein Elterntier ist ständig in der Nähe, um es zu beschützen.

Weißwangengänse auf einer Strandwiese in Katthammarsvik. Diese Gänseart ist deutlich kleiner als die bekanntere Graugans.

Keck und neugierig: Bachstelzen zählen zu den häufigsten Singvögeln an Gotlands Küsten und sind wenig scheu.

Brandganspaare halten sich mit ihrer Kükenschar gern in geschützten Buchten, auf Schlickflächen und auf Strandwiesen auf. Die erwachsenen Vögel sind leicht an dem rostbraunen Streifen an der Brust und dem leuchtend roten Schnabel zu erkennen, der bei den männlichen Tieren außerdem einen Höcker aufweist.

Auf der Halbinsel Närsholmen entstand durch Beweidung der alten Strandwalllandschaft eine Art „Wacholdersavanne".

Auf Gotland wachsen mehrere, teils sehr seltene Küchenschellen-Arten. Die Wiesen-Küchenschelle blüht im Frühjahr und Frühsommer auf alten Strandwällen und auf dem Alvar. Die Pflanze ist silbrig behaart und hat nickende, violette Blüten.

28. Steilküsten und Raukar: Hohe Kliffs und seltsame Gestalten

Auf Gotland findet man beeindruckende Steilküsten. Bis zu 48 Meter ragt das helle Silurgestein über die blaue Ostsee empor. Die höchsten Steilküsten erheben sich im Nordwesten der Insel. Hallshuk, Häftingsklint, Snipan, Rönnklint, Högklint oder Stavklint sind einige von ihnen. Durch Erosion verändern sie sich ständig. Der Strand unterhalb der Steilküsten ist mit heruntergestürztem Schutt übersät. An der Ostküste sind Küstenkliffs seltener. Zu nennen wären hier die Steilküsten von Grogarnshuvud, Herrviken/Kuppen, Hide oder S:t Olofsholm. Ganz im Süden liegen die Anhöhen von Hoburgen.

Das Stavklint nahe Tofta fällt steil zur Ostsee ab. Im unteren Teil des Kliffs erkennt man die grauen, erosionsanfälligen Visby-Mergel.

Es gibt kaum etwas Herrlicheres, als an einem blauen Sommertag die fast weiß leuchtenden Kliffs in der Sonne liegen zu sehen, unten das blaue Meer, oben die grünen Kiefern. Oder den Widerschein der untergehenden Sonne, die den Kalk vergoldet oder rosa färbt. Im Hangschutt an den Steilwänden blühen oft Blumen, etwa rosafarbene Mehlprimeln, Scharfer Mauerpfeffer, Sandthymian, Natternkopf oder manchmal sogar Orchideen.

Blick auf den Husrygg, die Anhöhen nördlich von Hoburgen. Die Küstenstraße erschließt eine der landschaftlich schönsten Gegenden auf Gotland.

Diese bizarre Kalksteinformation am Häftingsklint wird in naher Zukunft abbrechen und auf den Strand stürzen.

Seltsam geformte Kalksteinsäulen erheben sich über den Strand. Besucht man Langhammars auf Fårö, so kann man die wohl schönsten Raukar sehen, die Gotland und die umliegenden Kleininseln zu bieten haben. Sie fehlen in keinem Gotland-Werbeprospekt. Raukar werden im Schwedischen diese über die Umgebung hinausragenden, säulenartigen, bizarren Kalksteingebilde genannt. Sie entstehen, wenn in einem Kalksteingebiet härtere Partien des Materials der Erosion durch Wind, Frost, Hitze, Regen und Wellen länger widerstehen als das umgebende Gestein. Es handelt sich also um übrig gebliebene härtere Anteile eines ehemaligen Kalksteinplateaus, meistens um frühere Riffkerne. Auch vorherige Riss- und Spaltenbildungen in den Kalkablagerungen spielen bei ihrer Entstehung eine Rolle. Viele Raukformationen haben seltsame Formen und regen die Fantasie an. Die Kalkgebilde ähneln geheimnisvollen Fabeltieren, Gnomen und Trollen, oder man glaubt, verzerrte Gesichter in ihnen wahrzunehmen. Einige ragen viele Meter hoch in den Himmel und sind je nach Standort mit Flechten, Wildrosen, Waldrebe oder Efeu bewachsen. Der Besuch eines Raukgebietes ist ein Muss für jeden Gotlandreisenden, zumal die meisten in landschaftlich außergewöhnlich schöner Umgebung zu finden sind.

Raukar liegen meist direkt an den Küsten. Einige befinden sich jedoch in einer Entfernung von mehreren Hundert Metern oder sogar von über einem Kilometer zum heutigen Strand. Die Lage in einiger Entfernung von der Ostsee ist erstaunlich, bewirkt doch gerade das Meer die Entstehung der bizarren Kalkstrukturen. Dies ist jedoch nur ein scheinbarer Widerspruch. In den Jahrtausenden, die seit der letzten Eiszeit vergangen sind, war der Meeresspiegel der Ostsee und ihrer Vorläufer nicht immer so wie heute, er lag zeitweise deutlich höher (s. S. 15 ff.). Die Raukgebiete im Binnenland lagen also an ehemaligen Küsten und entstanden schon vor langer Zeit.

Die Raukar von Langhammars auf Fårö haben Kultstatus. Sie erheben sich mehrere Meter hoch über den Strand. Mit etwas Fantasie erkennt man in ihnen Fabelwesen.

Das Raukgebiet von Asunden bei Slite liegt auf einer flachen, windigen Landzunge.

Die Raukar von Hammarshagehällar bestehen aus rosafarbenem bis graugrünem Kalk, der zahllose Fossilien enthält, darunter viele helle Stromatoporen- und Seelilienreste.

Erlebnistipp:

Raukar

Auf Gotland gibt es zahlreiche Raukgebiete (s. Karte), von denen die meisten gut zugänglich sind. Es ist stets ein besonderes Erlebnis, sie zu besuchen. Besonders fotogen sind sie im Morgen- oder Abendlicht. Das Highlight ist Langhammars auf Fårö. Sehr schön ist auch Gamla Hamn (ebenfalls auf Fårö), dort findet sich unter anderem ein berühmter Rauk mit einem Loch in der Mitte (von den einen „Kaffeepott" genannt, von den anderen „Hund"). Lohnend ist ein Besuch auf der Halbinsel Asunden bei Slite. An der seeseitigen Küste dieser flachen, kahlen, windumtosten Halbinsel liegt ein Raukfeld mit besonders bizarren Kalkgebilden.

Die ebenfalls sehr sehenswerten Raukgebiete von Lergrav (an der Ostküste, mit einem Brandungstor, „Lergravsporten") und Lickershamn (an der Westküste) liegen etwas landeinwärts, aber in Sichtweite des Meeres. Bogeklint befindet sich hingegen weit im Binnenland. Bei Lickershamn liegt oben auf einem Kliff der höchste Rauk Gotlands, die „Jungfru". Von hier hat man eine grandiose Aussicht auf die Ostsee und die umliegenden Küsten. Ganz im Süden, in Hoburgen, steht der berühmteste Rauk, „Hoburgsgubben" genannt (wobei man sich streitet, ob er wirklich ein echter Rauk ist). Mit etwas Fantasie erkennt man eine Art steingewordenen Troll in seiner Silhouette. Er soll ursprünglich aus Östergötland stammen, von wo er nach Gotland floh, als eine Kirche gebaut wurde. Eine Höhle in der Steilküste von Hoburgen war der Sage nach seine Schlafkammer.

Damit Touristen ihn besser erkennen, haben wohlmeinende Menschen ihm die „Nase" gelb angemalt. Dieser Kalkfelsen heißt „Hoburgsgubben". Im Profil wirkt dieser Felsen wie das Gesicht eines Riesen.

Im Raukfeld von Lergrav befindet sich ein Brandungstor, durch das man hindurchgehen kann.

„Hund" oder „Kaffeepott" heißt dieser berühmte Rauk in Gamla Hamn auf Fårö.

Das Raukfeld von Lickershamn befindet sich im Binnenland. Einige Raukar sind mit Efeu und Waldrebe überwachsen.

Die „Jungfru“ von Lickershamn zählt zu den größten Raukar der Insel.

Besonders interessante Raukar findet man bei Holmhällar und Hammarshagehällar im Süden Gotlands. Der Kalk, aus dem diese Raukar bestehen, ist nicht nur grau, sondern auch farbig. Rosa, grüne, graue und weiße Partien wechseln sich ab und man sieht zahlreiche weiße Fossilreste darin, besonders wenn der Kalk nass ist.

In der Bucht Hideviken, in Folhammar nördlich von Ljugarn sowie auf Lilla und auf Stora Karlsö findet man weitere Raukar. Die längste Raukküste Schwedens ist das Naturschutzgebiet Digerhuvud auf Fårö. Die Landschaft hier ist karg und steinig und von schier endlosen Raukfeldern geprägt. Sie ähnelt einer Mondlandschaft. Digerhuvud ist über eine Küstenstraße mit zahlreichen Parkmöglichkeiten gut erreichbar.

Karge Felslandschaft an der Küste von Digerhuvud auf Fårö. Hier befindet sich das größte Raukgebiet Schwedens.

Wichtiger Hinweis: Es ist streng verboten, die Raukformationen zu beschädigen oder Fossilien aus ihnen herauszubrechen!

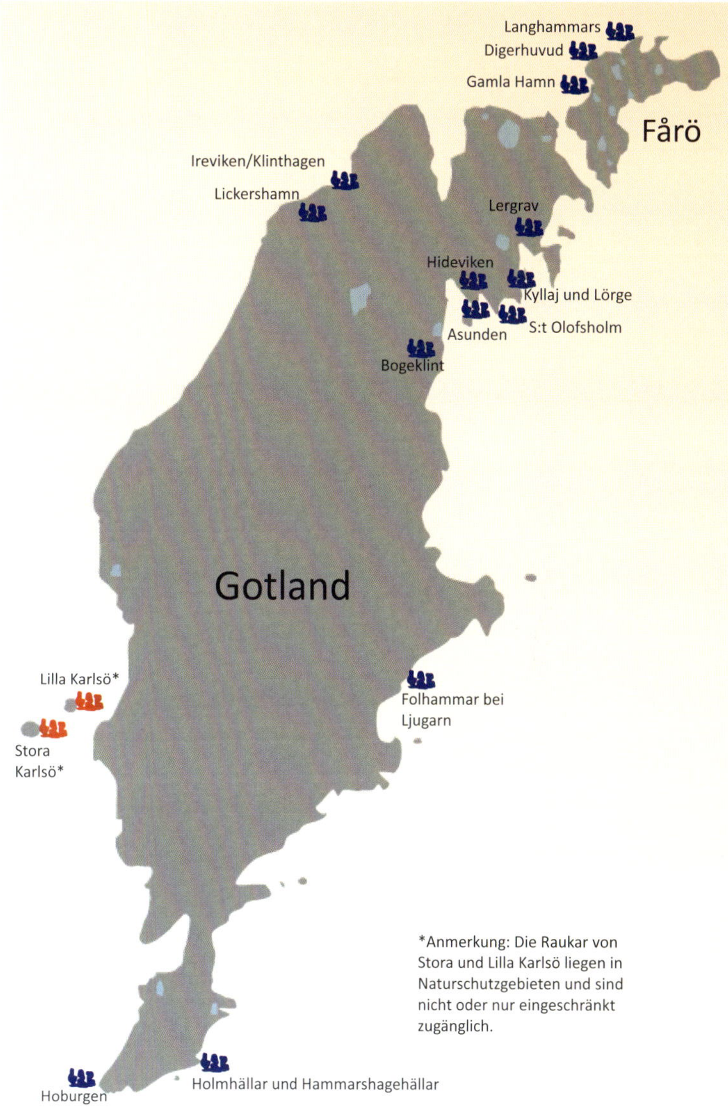

Die schönsten Raukgebiete von Gotland und Fårö

29. Ein Paradies für Geologen: Gotlands silurischer Untergrund

Gotland selbst und die umgebenden kleineren Inseln (mit Ausnahme von Gotska Sandön) bestehen unter der quartären Bedeckung aus circa 420 bis 443 Millionen Jahre alten Ablagerungen des Silurs. Das Silur ist ein Abschnitt des frühen Erdaltertums (Altpaläozoikum). In dieser Zeit gab es schon Fische, aber noch keine Reptilien, Vögel oder Säugetiere. Das Leben auf der Erde spielte sich im Silur noch überwiegend im Meer ab.

Langsam wurde das Land von Pflanzen besiedelt. Auch einige Arthropoden (Gliedertiere) waren zumindest für kurze Zeit in der Lage, sich auf dem trockenen Land zu bewegen.

In den Silurmeeren bildeten sich im Lauf der Zeit mächtige Sedimente (zum Beispiel Kalkstein, Mergelstein oder Sandstein), in denen die Reste vieler Organismen fossil erhalten blieben. Gotland ist schon seit langer Zeit ein Paradies für Geologen und Paläontologen. Nachdem bereits Carl von Linné im 18. Jahrhundert

Die Knopfkoralle Palaeocyclus porpita kommt nur in den Unteren Visby-Mergeln der Nordwestküste vor.

von den geheimnisvollen Versteinerungen auf Gotland berichtet hatte, war die Insel seit der Mitte des 19. Jahrhunderts ein bevorzugtes Ziel vieler Wissenschaftler. Es wurden (und werden) unzählige Arbeiten über Gotlands Geologie verfasst. Universitäten aus aller Welt schicken ihre Wissenschaftler und Studenten der Geologie und Paläontologie zu Studien nach Gotland.

Die Gesteinsschichten auf Gotland neigen sich um knapp zwei Grad von Nordwest nach Südost. Das hat zur Folge, dass die ältesten Schichten auf Gotland (der Untere und der Obere Visby-Mergel) im Nordwesten liegen, die jüngsten Schichten (die Sundre-Schichten) im Südosten. Die Sedimente unterscheiden sich in ihrer Fossilführung. Bestimmte Arten sind typisch für bestimmte Schichten: Es sind sogenannte Leitfossilien. Die Knopfkoralle *Palaeocyclus porpita* ist beispielsweise ein Leitfossil für den Unteren Visby-Mergel. In jüngeren Schichten kommt sie nicht mehr vor.

Silurischer Kalkstein ist die am weitesten verbreitete Gesteinsart auf der Insel. Er ist überwiegend hellgrau und prägt entscheidend das Landschaftsbild. Die Kalksteinschichten (und untergeordnet auch die Mergelbänke, siehe unten) sind an verschiedenen Orten mit Resten silurischer Korallen- und Stromatoporenriffe durchsetzt. Man kann hier Korallenstöcke mit fantastisch erhaltenen Strukturen und

Kalksteinoberfläche mit zahlreichen freigewitterten Fossilien, Küste nördlich von Bläse

die knollen- oder fladenartig geformten Stromatoporen entdecken. Häufig sind die Riffkalke jedoch besonders hart, sodass man die Fossilien nur als Querschnitte sieht. Riffkalk kann grau, aber zuweilen auch weiß, hellrosa oder hellgrün sein. Praktisch alle Gesteinsschichten auf Gotland enthalten Fossilien.

Einige Kalktypen auf Gotland fallen besonders ins Auge. In den sogenannten Slite-Schichten findet sich ein grüngraues Gestein, das rote Seelilienreste enthält, in den Högklint-Schichten ein heller Kalk mit weißen. Seelilienreste enthaltende Kalksteine nennt man auch Crinoidenkalk. Der „Hoburgs-Marmor" aus dem tiefen Süden Gotlands ist ebenfalls ein schöner Kalkstein mit roten und teilweise auch weißen Seelilienresten. Er wird verwendet, um daraus Fensterbänke, Fliesen oder kunsthandwerkliche Erzeugnisse herzustellen.

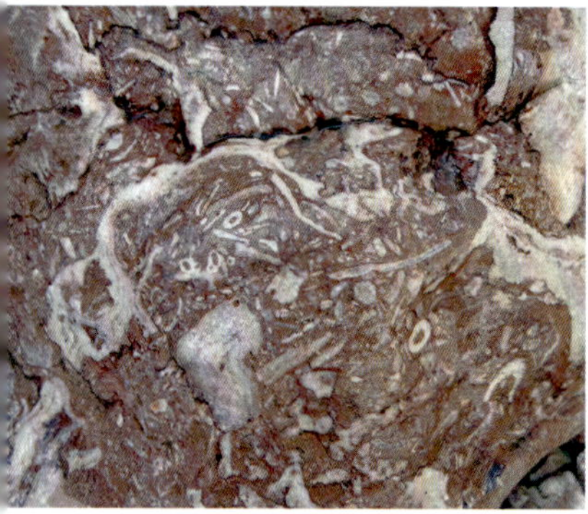

Crinoiden-Kalk aus den Sundre-Schichten mit fossilen Seelilienresten, Hammarshagehällar

Reste von Cephalopoden (Kopffüßern) im grauen Kalkstein. Diese längst ausgestorbenen Tiere sind mit den heutigen Kraken, Sepien, Kalmaren und Nautilus-Tieren verwandt.

Fossiler Stromatoporenrest, Gamla Hamn, Fårö. Diese Organismen bildeten fladen- oder knollenförmige Stöcke. Sie starben schon vor langer Zeit aus.

Kettenkorallen sind leicht an den kettenartig zusammenhängenden Koralliten zu erkennen. Als Korallit bezeichnet man die einzelnen kalkigen Gehäuse der Korallenpolypen.

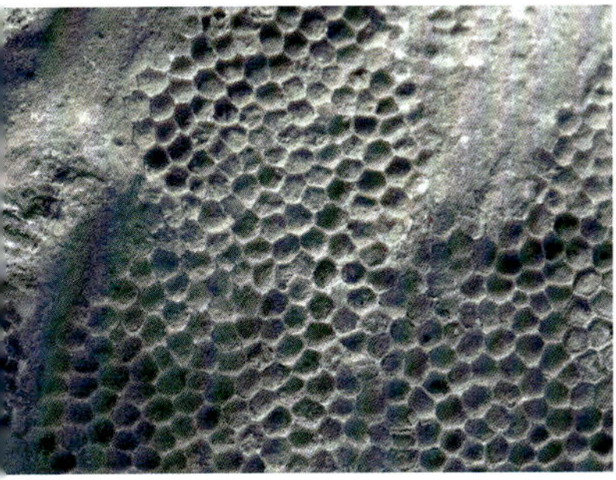

Favosites-Korallen bildeten kuppel-, knollen- oder fladenförmige Stöcke, deren einzelne eckige Koralliten beinahe wie Bienenwaben angeordnet sind.

Die fossile rugose Koralle Stauria favosa gehört zu den schönsten Fossilien auf Gotland. Der Korallenstock besteht aus zahlreichen eckigen Kelchen, in denen regelmäßig angeordnete Septen erkennbar sind.

Kalkstein ist in vielerlei Hinsicht ein besonderes Gestein. Er ist, je nach dem pH-Wert des Wassers, mehr oder weniger wasserlöslich. Getreu dem alten Sprichwort, wonach der stete Tropfen den Stein höhlt, kann der kalkige Untergrund vom Wasser mit der Zeit gelöst werden. Auf größeren Kalksteinflächen, die man an Steilküsten wie Hoburgen oder in den Alvargebieten beobachten kann, fällt auf, dass das Gestein von vielen Rissen und Spalten durchzogen ist. Diese sind ursprünglich durch tektonische Vorgänge in der Erdkruste entstanden, aber auch durch den Gletscherdruck während der letzten Eiszeiten und die Druckentlastung nach deren Ende. Vergrößert wurden sie jedoch durch Regen- und Schmelzwasser, das den Kalk auflöste. So entstanden sogenannte Karstspalten.

„Kuhhornkorallen" lebten einzeln und nicht in Stöcken. Ihre Gehäuse sehen aus wie kleine Hörner. Es gab von ihnen viele verschiedene Arten.

In Lummelunda nördlich von Visby wurde durch fließendes Wasser, das ursprünglich durch unterirdische Spalten und Risse sickerte, im Lauf der Zeit ein mehrere Kilometer langes Höhlensystem aus dem Kalk gewaschen. Wo Sickerwasser austritt, kristallisierte Calciumcarbonat, der Hauptbestandteil von Kalkstein, wieder aus. Es entstanden Tropfsteine (Stalagmiten und Stalaktiten) mit bizarren Formen. Sie sehen fast aus wie weißer Zuckerguss, abgesehen von grünen und braunen Verfärbungen, die durch Eisensalze und andere mineralische Verunreinigungen hervorgerufen wurden.

Tiefe Karstspalten im Stigmyr. Der Kalkstein wird durch Regen- und Schmelzwasser mit der Zeit immer weiter aufgelöst.

Die Höhlen von Lummelunda wurden 1948 von drei Jungen entdeckt, die durch Zufall einen schmalen Eingang fanden und dünn genug waren, um sich hineinzuzwängen. Sie behielten das Geheimnis lange Zeit für sich und drangen mit einfachster Ausrüstung immer weiter in das Höhlensystem vor. Schließlich informierten sie einen Höhlenforscher. Dieser gründete eine Gesellschaft, die einen Teil der Höhle durch den Bau eines Tunnels für Besucher zugänglich machte. Weite Teile der Höhlen sind jedoch nicht für die Öffentlichkeit zugänglich und auch nur mit einer Taucherausrüstung oder speziellen Hilfsmitteln zu erreichen.

Erlebnistipp:

Eine Höhlentour in Lummelunda

Die Höhle von Lummelunda ist eines der beliebtesten Ausflugsziele Gotlands. Sie kann im Rahmen von Führungen besichtigt werden. Neben den Tropfsteinen sieht man in der Höhle auch Fossilien wie beispielsweise Korallen und Seelilienreste. Sie sind an einigen Stellen vom Wasser „herauspräpariert“ worden. In einem Besucherzentrum kann man sich außerdem über die Entdeckung und Erforschung der Höhlen informieren. Die Höhle ist auch für Kinder und bei schlechtem Wetter ein gutes Ziel.

Bitte beachten: Man darf die Tropfsteine nicht mit den Fingern berühren. Das Hautfett bewirkt, dass sich das Wasser einen anderen Weg sucht, wenn es an den Kalkgebilden herabrinnt. Der Tropfstein „trocknet“ dann aus. Es ist ratsam, warme Kleidung mitzunehmen, denn es ist feucht und kalt (nur etwa 8°C) in der Höhle.

Mergel sind auf Gotland ebenfalls landschaftsbestimmend. Als Mergel werden Sedimente bezeichnet, die neben Kalk einen Anteil an Ton enthalten. Sie verwittern meist sehr leicht und geben dabei ausgezeichnet erhaltene Fossilien frei. Unter anderem im Nordwesten, in der Mitte und im Süden der Insel finden sich Streifen mit mergeligen Ablagerungen. Wo diese vorkommen, lohnt es sich besonders, nach losen Fossilien zu suchen, zum Beispiel an Stränden, in Straßengräben oder in stillgelegten Steinbrüchen. Neben Rissen und Spalten im Gestein (siehe oben) ist der leicht verwitternde Mergel eine Ursache für die gewaltigen Küstenabbrüche an der Nordwestküste Gotlands. Die sogenannten Visby-Mergel unterlagern den härteren Högklint-Kalk. Wenn das Meer, der Regen und der Wind genug des weichen Materials aus dem Klifffuß herausgespült haben, brechen riesige Blöcke des darüberliegenden Kalks ab und stürzen auf den Strand. Zu sehen ist dies beispielsweise am Högklint, am Jungfruklint in Lickershamn, in Ireviken, in Sigsarve oder in Hallshuk. Neue Abbrüche sind jederzeit möglich, daher sollte man bei Strandwanderungen besonders vorsichtig sein.

Fossile Brachiopoden (Armfüßer) aus den Visby-Mergeln. An den Stränden der Nordwestküste kann man diese kleinen Fossilien einfach aus dem Strandgeröll herauslesen. Einige Brachiopoden zeigen eine silbrig glänzende Oberfläche.

Bemerkenswert sind auch die Mergel der Eke-Schichten, die es in einem Streifen von Näsudden über Eke bis Hummelbosholm im Süden Gotlands gibt. In ihnen finden sich neben massenhaft wohlerhaltenen Brachiopoden viele lose, unregelmäßig geformte Klumpen von bohnen- bis blumenkohlartiger Form. Dies sind Onkoide, die Überreste von kalkabscheidenden Algen, die kleine Steine oder die Schalen anderer Meeresorganismen überwuchsen. In den Algen-Biomatten fing

Fossiler Trilobit Proetus aus den Hemse-Mergeln von Südwest-Gotland (don. U. Meisinger, Flensburg). Trilobiten zählen zu den Gliedertieren (Arthropoden). Viele Arten hatten hoch entwickelte Facettenaugen.

Strand von Sigsarve. Im oberen Teil des Kliffs erkennt man Kalkstein und Raukar-artige Riffkerne, im unteren Mergel und Schutt. Auf dem Strand liegen herabgefallene Kalksteinblöcke.

Onkoide aus den Eke-Mergeln von Näsudden

sich auch Sediment, darunter kleine Tonpartikel. Nach und nach entstanden um das Zentrum der Klümpchen zahlreiche, unregelmäßige, kalkig-mergelige Schichten. Gesteine, die Onkoide enthalten, nennt man Onkolith. Neben den erwähnten Onkoid-haltigen Mergeln gibt es auch Kalk- und Kalksandsteinschichten mit Onkoiden, zum Beispiel im Südwesten Gotlands bei Hoburgen.

An einigen Stellen kommt auf Gotland Sandstein vor, zum Beispiel im Süden zwischen Burgsvik und Hoburgen. Der Burgsvik-Sandstein ist ein Kalksandstein und meist sehr fossilarm. Auf manchen Schichtflächen liegen jedoch große Muscheln (darunter *Pteronitella* und *Megalomus*) dicht an

Die interessante Struktur des Onkoliths mit den unregelmäßig geformten Onkoiden lässt sich besonders bei nassen oder polierten Blöcken erkennen.

dicht. Auf anderen findet man auch fossile Rippelmarken oder verschiedene fossile Spuren von silurischen Meerestieren, die im Sandstein erhalten blieben. Das Gestein enthält zudem fossile Raritäten wie die Flossenstachel von Stachelhaien oder Reste beziehungsweise Abdrücke (Ruhespuren) früher Seesterne.

Burgsvik-Sandstein mit fossilen Lebensspuren. Bei den meisten silurischen Spurenfossilien lässt sich heute nicht mehr genau ermitteln, welches Tier sie verursachte.

Burgsvik-Sandstein mit fossilen Rippelmarken. Dieses Gestein entstand vermutlich aus Flachwassersedimenten.

Oberhalb des Sandsteins oder in Schichten mitten in den Sandsteinlagen kann man eine weitere interessante Gesteinsart entdecken, den Oolith. Diese Bezeichnung bedeutet „Eierstein" oder „Rogenstein", weil die Kügelchen an Fischeier/-rogen erinnern. Oolith besteht aus vielen kleinen Kalkkügelchen, die miteinander verkittet sind. Aufgrund seiner eigenartigen Struktur könnte man fast vermuten, dass das Gestein künstlichen Ursprungs ist, aber es handelt sich um eine natürliche Bildung, ähnlich wie bei den Onkoiden. Die Kügelchen (Ooide) entstanden, indem sich im Silur Calciumcarbonat an kleinen Bruchstücken der Kalkschalen von Meerestieren abschied. Noch heute kann man dieses Phänomen in seichten, warmen, tropischen Meeren beobachten. Schicht um Schicht kristallisierte der Kalk um die Kristallisationskerne. In der Meeresdünung erhielten die Ooide ihre abgerundete bis kugelige Gestalt. Sanken die Kügelchen zu Boden, konnte sich aus ihnen durch nachfolgende Verkittung der Oolith bilden. Im Südwesten Gotlands gibt es zwei Typen von Oolith: einen mit Ooiden von circa 1 bis 2 Millimetern Durchmesser und einen mit Ooiden von 4 bis 5 Millimetern Durchmesser. Letzterer ist eigentlich schon ein Pisolith („Erbsenstein"), weil die Ooide in Gestalt und Größe an Erbsen erinnern. Bei verwitterten Handstücken kann man bei genauem Hinsehen deutlich den lagigen Aufbau der Kügelchen erkennen. Der Oolith enthält manchmal Fossilien, vor allem Seelilienteile, an den Grenzschichten zum Burgsvik-Sandstein auch Brachiopoden und Trilobiten.

Der gotländische Oolith ist ein Gesteinstyp, der aus vielen Kalkkügelchen besteht. Man findet ihn vor allem an der Südwestküste Gotlands.

Erlebnistipp:

Gotlands Fossilien

Gotland ist schon seit Jahrzehnten ein beliebtes Ziel für Fossiliensammler. An vielen Stränden, in einigen Steinbrüchen und an Stellen, wo durch Straßenbauarbeiten Gestein zutage kommt, kann man eine Vielzahl gut erhaltener Versteinerungen von Organismen aus der Urzeit finden. Gute Fundorte sind unter anderem die Strände am Högklint und bei Ygne, Ireviken, die stillgelegte Mergelgrube von Valleviken, Gothemhammar, Djupvik, Lau Backar, Kettelviken und Hoburgen. Übersichten über Gotlands fantastische Fossilien findet man in den Veröffentlichungen „Fossilien auf Gotland" von S. Eliason und „Gotland – Fossilien aus der silurischen Südsee" von A. Rohde in der Zeitschrift „Fossilien", s. Quellen- und Literaturverzeichnis, S. 270.

Verschiedene Fossilien von Gotlands Ostküste

Das Sammeln kleiner Mengen an Fossilien für die eigene Sammlung wird in Schweden geduldet. Größere Mengen oder für kommerzielle Zwecke zu sammeln ist jedoch verboten. In aktiven oder nicht öffentlich zugänglichen Steinbrüchen benötigt man die Genehmigung der Werksleitung oder des Eigentümers, wenn man dort auf Fossilienjagd gehen will. Auf dem Steinbruchgelände muss man sich in der Regel an- und abmelden und einen Helm, eine Warnweste sowie geeignetes Schuhwerk tragen. Üblich sind auch vorherige Sicherheitsunterweisungen. In Naturschutzgebieten wie Digerhuvud und Langhammars auf Fårö, am Rönnklint oder an der Eksta-Küste ist das Sammeln streng verboten, sogar das Aufsammeln von Gestein ist untersagt.

Beim Sammeln sollte man darauf achten, keinen Schaden anzurichten. Es ist insbesondere verboten, anstehendes Gestein zu beschädigen. Dies gilt besonders für Raukar! Sammeln darf man nur im losen Geröll. Die Gotländer sehen es nicht gern, wenn der natürliche Zustand der Strände durch Gestein, das unerlaubt aus den Kliffs gezerrt wurde, sowie durch scharfkantige, aufgeschlagene Gesteinstrümmer oder Steinhaufen verunziert wird. Auch das Errichten der beliebten „Steintürmchen" ist auf Gotland unerwünscht.

Einen Hammer oder gar einen Meißel sollte man auf Gotland nicht verwenden. Ohnehin kommen viele Fossilien als aus dem Gestein herausgewitterte Naturpräparate vor. Eine weitere Bearbeitung mit grobem Gerät zerstört oft mehr, als dass sie nützt. Geübte Sammler erkennen Fossilien an ihren An- oder Querschnitten an der Gesteinsoberfläche. Die Präparation erfolgt meist zu Hause und erfordert viele Stunden geduldiger Arbeit.

30. Geschiebe: Weitgereiste Steine

Carl von Linné berichtet in den Tagebüchern seiner Gotländischen Reise, dass ihm nördlich von Hoburgen ein seltsamer großer Stein gezeigt wurde, dessen Anwesenheit bei den Anwohnern großes Kopfzerbrechen auslöste. Der Stein lag ein gutes Stück von der Küste entfernt auf hochgelegenem Gelände, viele Meter über dem Meeresspiegel der Ostsee. Er war von ganz anderer Art als der gotländische Untergrund. Der Forschungsreisende bemerkte ganz klar, dass es sich bei diesem Findling nicht um einheimisches, gotländisches Material handelte. Ähnliche Gesteine kannte Linné von den Åland-Inseln. Das Gestein war bei Linnés Besuch auf einer Seite stark verwittert und zerfiel zu Grus. Da die dunklen Glimmerminerale in der Sonne golden funkelten, nannten die Einheimischen den Findling „Gullstaini" oder „Gullstainen" - Goldstein. Gold ist in ihm jedoch nicht enthalten. Es ist ein Åland-Rapakivi-Granit, ein Gestein, das auf den weiter nördlich in der Ostsee liegenden Åland-Inseln vorkommt. Die Wissenschaft war damals noch nicht so weit, die Herkunft des Findlings zu erklären. Immerhin schrieb Linné, dass dieses Gestein auf irgendeine Art hierher gelangt sei musste, jedoch nicht von Menschenhand. Er konnte aber noch nicht erklären, wie. Kennzeichnend für Åland-Rapakivi sind große, abgerundete Feldspatkristalle mit einem Ring aus andersfarbigem Feldspat, eine

Gullstainen nahe Hoburgen. Dieser Findling aus Åland-Gestein wurde schon von Carl von Linné in Augenschein genommen.

meist rote Grundfarbe und Quarz-Einsprenglinge, die wurmartig mit dem Feldspat der Matrix verwachsen sind. Die Feldspat-Bestandteile des Rapakivis verwittern im Lauf der Zeit. Das bewirkt, dass das Gestein zerbröckelt. Dies geschieht besonders auf der Wetterseite. Der von Linné beschriebene Stein liegt noch heute am selben Ort (Sundre/Hallbjäns) und steht unter Naturschutz.

Heute weiß man, dass während der Eiszeiten unvorstellbare Mengen an Gesteinsmaterial vom Inlandeis „abgehobelt" wurden und in das Gletschereis einfroren. Das Gestein wurde durch die vorangleitenden Gletscher weitertransportiert, teilweise über mehrere hundert oder sogar mehr als tausend Kilometer. Die Korngröße der Gesteine reichte vom Tonpartikel und Sandkorn bis zum großen Felsblock. Durch die Gewalt des Eises konnten auch viele Tonnen schwere Blöcke mitgerissen werden, die später als Findlinge im Abtaugebiet der Gletscher liegen blieben. Man nennt diese vom Eis „verschleppten" Gesteine Geschiebe oder Erratika. Geschiebe, deren Ursprungsort genau bekannt ist und die zudem gut identifiziert werden können, heißen Leitgeschiebe. Mithilfe der Leitgeschiebe kann man auf die Bewegungsrichtung der Gletscher in den Eiszeiten schließen. Der von Linné untersuchte Rapakivi ist ein solches Leitgeschiebe aus dem Gebiet der nördlich von Gotland gelegenen Åland-Inseln.

Strand mit vielen farbenfrohen kristallinen Geschieben an Gotlands Westküste

Rapakivi mit kugeligen Feldspat-Kristallen. Im Anschnitt sieht man den „Ring" aus dunklem Feldspat, der sie umgibt. Die meisten Rapakivi-Gesteine stammen aus dem Gebiet der Åland-Inseln, aus Finnland, von einigen schwedischen Schären oder vom Grund der nördlichen und östlichen Ostsee.

An Gotlands Stränden, in Kiesgruben oder auf manchen Äckern findet man stellenweise viele Gesteine, die völlig anders aussehen als das typische gotländische Gesteinsmaterial. Viele dieser „Fremdlinge" fallen schon durch ihre Farbe und Beschaffenheit auf. Der gotländische Kalkstein ist meistens leicht porös, matt und hellgrau (ebenso der Sandstein). An manchen Stellen findet man auch weißen, seltener rosa bis hellgrünen Kalk. Einige der „Fremdlinge" aber haben viel dunklere Farben, sind leuchtend rot oder auch

Der Öje-Diabas-Porphyrit ist ein Geschiebe aus Dalarna (Mittelschweden). Das graue Gestein ist durch zahlreiche, streifige, weiß-hellgrüne Kristalle aus Plagioklas (einem Feldspat) gekennzeichnet.

Der Basalt-Mandelstein entsteht, wenn eine basaltische Gesteinsschmelze aus tiefen Erdschichten an die Oberfläche gelangt. Durch den abnehmenden Druck dehnen sich Gase in dem Magma aus. Es bilden sich Gasblasen im erstarrenden Gestein, die später mit anderen Mineralen auskristallisieren. Dieser Gesteinstyp ist ein recht häufiges Geschiebe auf Gotland. Er stammt überwiegend vom Grund der Ostsee nördlich der Insel.

Der Jotnische Sandstein (Dala-Sandstein) ist ein sehr altes Sedimentgestein. Es entstand vor 650 bis 1.350 Mio. Jahren (spätes Präkambrium) im Gebiet des heutigen Dalarna und in der nördlichen Ostsee. Man erkennt es an seiner roten bis rotvioletten Farbe und den häufig auftretenden, helleren Entfärbungsflecken.

Verschiedene verkieselte, ordovizische Schwämme. Schwämme sind im Wasser lebende Organismen. Sie weisen ein Gewebe mit vielen Öffnungen auf. Ordovizische Gesteine sind älter als die silurischen, die auf Gotland anstehen. Über den Herkunftsort dieser Fossilien ist noch wenig bekannt. Er wird jedoch unter anderem im Baltikum und dem westlichen Russland vermutet. Möglicherweise wurden die ordovizischen Flint-Fossilien über ein großes Flusssystem, das vor langer Zeit die Ostseesenke durchzog, herantransportiert, vielleicht eingefroren in Eisschollen. Zusätzlich wurden sie auch durch die Gletscher der Eiszeit umgelagert.

viel dichter und schwerer als der Kalk. Dies sind Geschiebe, die vor allem aus der nördlichen Ostsee, vom schwedischen Festland, aus Finnland und aus dem Baltikum stammen. Darunter sind kristalline Gesteine (wie Granit, Porphyr, Basalt oder Gneis) und Sedimentgesteine (wie Tonstein, Kalkstein oder Sandstein). Viele Sedimentgesteine enthalten Fossilien.

Auf Gotland findet man vielerorts Moränen der Eiszeit. Es sind Ablagerungen von Gestein, die nach dem Abschmelzen des Eises liegenblieben. In Moränen können alle Korngrößen vertreten sein, vom Tonpartikel bis zum Findling. Moränen bilden oft die Grundlage für fruchtbares Ackerland. Auch einige Kiesgruben werden auf gotländischen Moränengebieten betrieben, um Sand, Kies und Steine zu gewinnen.

Erlebnistipp:

Die bunte Welt der Geschiebe

Geschiebe und interessante Findlinge finden sich an vielen Stränden Gotlands, vor allem an der Westküste und auf Fårö. Sie sind neben den silurischen Fossilien faszinierend in ihrer Vielfalt. Die kristallinen Gesteine kann man meist ganz einfach an ihren lebhaften Farben und Kristallstrukturen identifizieren. Um fossilführende Geschiebe vom schwedischen Festland, aus der Bottensee oder dem Baltikum zu erkennen, braucht man jedoch einige Erfahrung. Zur Gesteinsbestimmung kann man geeignete Fachbücher (zum Beispiel „Das große Buch der Strandsteine“ von F. Rudolph, s. Literaturliste S. 270) zu Rate ziehen oder an geführten Exkursionen teilnehmen.

Auch der auf Gotland vorkommende ordovizische Feuerstein stammt ursprünglich nicht von der Insel. Er ist oft grau oder graublau, teils weiß oder braun verwittert. Im Feuerstein (auch Flint oder Chert genannt) können Fossilien enthalten sein, darunter Schwämme, Stromatoporen, Korallen, Brachiopoden oder Kalkalgen. Man sollte dieses Gestein nicht aufschlagen, da durch die scharfkantigen Splitter eine erhebliche Verletzungsgefahr besteht.

31. Fuchs und Schneehase: Ein Stück Schweden ohne Elche

Gotland ist eine erstaunliche Insel. Ohne große Anstrengung kann man hier Tierbeobachtungen machen, wie man sie fast nur noch aus Dokumentarfilmen kennt oder die anderswo mit großen Mühen verbunden sind. Auf Gotland braucht man sich nur eine Weile an einen Strand zu setzen oder eine ausgedehnte Wanderung zu machen, und schon erlebt man die Tierwelt hautnah. Mit ihren weiten Landschaften und ihrer langen Küstenlinie bietet die Insel Wildtieren viel Raum. Die Säugetierfauna ist allerdings recht artenarm. Große Säuger sind auf Gotland rar. Es gibt unter anderem Füchse, Igel, Feld- und Schneehasen, Kaninchen, Eichhörnchen und einige andere Nager. Das schwedische Symboltier schlechthin, der Elch, dessen Silhouette als Aufkleber die Autos vieler Schwedenreisender ziert, ist auf Gotland nicht heimisch. Rehe kommen jedoch vor. Vermutlich wurden sie von Jägern angesiedelt.

Das unvergessliche Erlebnis eines späten Juniabends waren zwei Fuchswelpen, die aus dem nahen Wald oben auf der Steilküste auf den Strand von Ireviken gekommen waren. Leider sprangen sie sofort davon und verschwanden so schnell wie sie aufgetaucht waren. Erwachsene Füchse sieht man nicht selten auf Feldern und Wiesen neben den Straßen entlangschnüren.

Feldhasen und besonders Kaninchen sind häufig, wurden aber durch den Menschen nach Gotland gebracht. Im offenen Gelände sieht man an einigen Orten sehr viele Kaninchen. Sie sind meist wenig scheu. In manchen Ferienhausgebieten wie Ireviken, Djupvik oder Holmhällar muss man vorsichtig sein, damit man sie in der Dämmerung nicht versehentlich mit dem Auto überfährt.

Immer auf der Hut vor Füchsen und Adlern: Feldhase auf einer Wiese

Das Landschaftstier Gotlands ist der Igel. Schon in der Steinzeit gab es Igel auf der Insel, wie die Funde von Igelstacheln und -knochen in steinzeitlichen Gräbern und Siedlungen beweisen.

Schneehase im Sommerfell auf Stora Karlsö. Schneehasen gehören zu den „Ureinwohnern" Gotlands. Im Gegensatz zu Feldhasen bekommt man sie nur selten zu Gesicht.

Eichhörnchen sieht man auf Gotland sehr häufig, sowohl in der Natur als auch in Siedlungen.

32. Apollofalter und Krabbenspinne: Gotlands besonderes Kleingetier

Die Vielfalt an verschiedenen Lebensräumen und Pflanzen sowie die milden Sommertemperaturen bewirken auf Gotland einen außergewöhnlichen Reichtum an Insekten und Spinnen. Besonders Schmetterlinge fühlen sich hier wohl. Ab dem fortgeschrittenen Frühjahr kann man bis in den Herbst hinein bei jedem längeren Spaziergang interessante Insekten oder Spinnen beobachten.

Schmetterlinge sieht man im Sommerhalbjahr eigentlich überall dort, wo sich viele blühende Pflanzen befinden: auf Alvarflächen, an Waldrändern, an Wegen, an Feldrainen, auf Strandwiesen, in Feuchtgebieten oder in Gärten. Besonders an windgeschützten Stellen halten sie sich gern auf. Die Falter sind in der Regel an bestimmte Pflanzenarten angepasst, an denen sie Nektar saugen oder von denen sich ihre Raupen ernähren. Zu den schönsten Schmetterlingen auf Gotland zählen der Schwalbenschwanz und der Apollofalter. Weitere seltene Schmetterlinge, die auf Gotland noch regelmäßig vorkommen, sind der Blutbär und der Kaisermantel.

Der Schwalbenschwanz zählt zu den größten und prächtigsten Schmetterlingen Nord- und Mitteleuropas. *Foto: Dr. A. Popp*

Die Raupe des Apollofalters ernährt sich unter anderem von Weißem Mauerpfeffer, der auf Gotland häufig auf Alvarflächen wächst. Auf dem schwedischen Festland und in Deutschland ist dieser stattliche, schöne Falter sehr selten geworden.

Der auffällig karminrot und schiefergrau gefärbte Blutbär ist eigentlich ein Nachtfalter. Man sieht ihn aber auch tagsüber, besonders im Juni.

Die olivbraune bis schwarze Raupe des Labkrautschwärmers ist auffallend groß und besitzt am Hinterleib einen eigenartigen kleinen Fortsatz (Analhorn).

Der Baumweißling ist mit dem Kohlweißling verwandt, aber unvergleichlich schöner, nämlich perlmuttweiß mit dunklen Adern.

Das seltene Grünwidderchen hat goldgrüne bis blaugrüne, metallisch glänzende Flügel. Man kann die männlichen Tiere an der Form ihrer Fühler erkennen. Sie sind kammartig gefiedert, während die der Weibchen einfacher und ungefiedert sind.

Der Kleine Würfeldickkopf ist auf Gotland häufig. Seine braunen Flügel ziert ein Muster aus weißen, eckigen Flecken. Hier stärkt er sich an einer Blüte des Blutroten Storchschnabels.

Wegerich-Scheckenfalter bei der Fortpflanzung. Diese Schmetterlinge haben besonders schöne und farbenfrohe Flügelunterseiten.

Die Ritterwanze ist eines der häufigsten und schönsten Insekten auf Gotland.

Streifenwanzen sieht man häufig an Doldenblütlern. Oberseits tragen sie schwarze Streifen, an ihrer Unterseite schwarze Punkte.

Irgendwann trifft jeder Gotlandreisende auf leuchtend rot, schwarz und weiß gefärbte Insekten, die über den sonnenwarmen Boden krabbeln oder sich mit Vorliebe auf ihrer Futterpflanze, der Schwalbenwurz, aufhalten. Ritterwanzen sind sehr häufig auf Gotland und der Nachbarinsel Öland. Da sie gern in Gebäuden überwintern, etwa in Ställen und in Kirchen, heißen sie auf Gotländisch „körkmakk" (= Kircheninsekt, Kirchenungeziefer). Außer den Ritterwanzen sieht man auf Gotland auch häufig Streifenwanzen. Diese sind größer als die Ritterwanzen und an der Oberseite lebhaft rot-schwarz gestreift.

Draußen in der Natur kündigt ein lautes Brummen oft das Nahen eines heranfliegenden Käfers an. Von diesen gibt es auf Gotland viele Arten. Der schönste ist sicherlich der Gold-Rosenkäfer mit seinen in metallischem Grün glänzenden Flügeldecken. Der größte auf Gotland vorkommende Käfer ist der Mulmbock, der bis zu sechs Zentimeter Länge erreicht.

Nebelfleckbock im Wald bei Kallgateburg. Viele Bockkäfer haben sehr lange Fühler.

Gold-Rosenkäfer auf einer Mädesüßblüte. Die prächtigen Käfer fressen gerne Pollen und Blütenblätter, besonders von Rosengewächsen.

Die zahllosen Insekten in der gotländischen Landschaft locken natürlich Jäger an. Neben Vögeln sind dies auch Libellen. Einige Libellen suchen bestimmte, erhöht liegende Punkte, beispielsweise exponierte Zweige oder Felsen, immer wieder auf. Hier lauern sie auf Beute, die sie elegant im Flug fangen. Einige Arten haben zudem ein ausgeprägtes Revierverhalten.

Sieht man an Stränden genauer hin, kann man zwischen und unter den Steinen zahlreiche Spinnen entdecken. Sie lauern dort auf kleinere Insekten. Labyrinthspinnen bauen kunstvolle, trichterartige Netze auf dem Alvar und auf anderen freien Flächen. Man sieht den silbernen Schimmer der Netze vor allem bei schräg einfallendem Sonnenlicht frühmorgens oder abends. Die vielleicht perfideste Methode des Beutefangs üben die Krabbenspinnen aus. Diese Spinnen bauen keine Netze, sondern verbergen sich in blühenden Pflanzen. Der Körper der weiblichen Gehöckerten Krabbenspinnen ist hellgrün, weiß, rosa oder gelb gefärbt, sodass sie gut getarnt sind. Bis zu einem gewissen Grad können sie ihre Färbung sogar an ihre Umgebung anpassen. Besuchen nun Schmetterlinge oder andere Insekten die Blüte, um Nektar zu saugen oder Pollen zu fressen, beißt die Spinne zu. Ihr Gift lähmt das Beutetier, das häufig deutlich größer ist als die kleine Krabbenspinne. Krabbenspinnen sind schwer zu entdecken, aber nicht selten. Man muss jedoch dicht an blühende Pflanzen herantreten, um sie zu sehen.

Vierfleck auf seinem „Ausguck". Von hier aus startet er seinen Jagdausflug in die Kalkheide.

Eine Wolfsspinne verbirgt sich zwischen Steinen am Strand. Sie ist für den Menschen ungefährlich.

Eine Gehöckerte Krabbenspinne hat einen Schmetterling erbeutet und durch einen Biss gelähmt.

33. Warum Schlangen gern am Strand liegen

Schlangen sieht man heutzutage in Deutschland eher selten. Nicht so auf Gotland. An sonnigen Tagen trifft man recht oft auf diese interessanten, aber scheuen Tiere. Da sie wechselwarm sind, wärmen sie sich gern an sonnenbeschienenen Stellen. Die häufigste Art auf Gotland ist die Ringelnatter, die man leicht an den beiden gelben bis gelborangefarbenen Flecken hinter dem Kopf erkennt. Weitere auf Gotland vorkommende Arten sind die Schlingnatter und die Kreuzotter. Nur die Kreuzotter ist giftig.

Die Schlangen auf Gotland sind in der Regel sehr scheu und fliehen sofort, wenn ein Mensch sich ihnen nähert. Ringelnattern bringen sich gern unter Steinen, in Felsspalten oder in dichter Vegetation in Sicherheit. Am Strand haben sie noch eine weitere Taktik. Sie schlängeln sich geschwind Richtung Ostsee, tauchen ins Wasser ein und schwimmen geschickt ins Meer hinaus. Allerdings nicht weit, denn die Wassertemperatur ist in Schweden meist zu niedrig für ein längeres Bad. Vorsichtig streckt die Schlange das Köpfchen aus dem Wasser und züngelt. Sie versucht, mit ihren Augen und ihrem Geruchssinn, der auf der gespaltenen Zunge lokalisiert ist, festzustellen, ob die Gefahr vorüber ist. Sobald die Schlange meint, dass die Luft wieder rein ist, gleitet sie wieder an Land. Bemerkenswert ist, dass die Ringelnattern potenzielle Feinde wie den Menschen nur dann mit ihren Augen erkennen können, wenn diese sich bewegen. Bleibt man ruhig sitzen und rührt sich nicht, scheinen sie einen Beobachter nicht zu sehen und gleiten ihm sogar unter den Beinen hindurch.

Neben Schlangen gibt es auf Gotland weitere Reptilien, nämlich Waldeidechsen und die beinlosen Blindschleichen. Auch einige Amphibienarten (Frösche, Kröten und Molche) kommen vor.

Eine Ringelnatter wärmt sich an den sonnenwarmen Steinen. Diese ungiftigen Schlangen haben runde Pupillen.

Schlangen müssen sich häuten, wenn sie wachsen. Die abgestreifte Schlangenhaut („Natternhemd") ist dünn und leicht wie Papier.

Ringelnatter-Paarung am Strand. Das Männchen ist ein sogenannter Schwärzling mit einer besonders dunklen Färbung.

Die giftigen Kreuzottern haben schlitzförmige Pupillen und eine zickzackförmige Zeichnung. Sie sind auf Gotland sehr selten.

Schlingnatter auf einem Weg bei Häftings. Ihren Namen haben diese Schlangen ihrem Verhalten zu verdanken. Schlingnattern umschlingen ihre Beutetiere und versuchen, sie zu ersticken, bevor sie sie fressen.

Blindschleichen bei der Paarung. Diese schlangenartigen Eidechsen haben eine glänzende, glatt aussehende Haut.

Eine Waldeidechse sonnt sich auf einem Zaunpfahl. Keine andere Eidechsenart lebt so weit nördlich wie die Waldeidechse.

Erlebnistipp:

Schlangen beobachten

Leider kann man nicht vorhersagen, wann man auf eine Schlange (oder Eidechse) trifft. Gute Chancen zur Beobachtung von Ringelnattern hat man jedoch bei sonnigem Wetter an abgelegenen, steinigen Stränden oder an warmen Kalkfelsen. Auch auf sonnenwarmen Wegen, an Mauern oder auf Kalkheiden mit niedriger Vegetation halten sich Schlangen gern auf. Mit viel Glück findet man die dünnen, papierartigen Häutungsreste.

34. Die Karlsinseln: Von Alken, Lummen und Samtenten

Die Karlsinseln Lilla und Stora Karlsö liegen in geringer Entfernung vor der Westküste Gotlands und sind zwei außergewöhnlich interessante Naturschutzgebiete. Sie beherbergen in ihren Steilwänden einige der wenigen großen Vogelkolonien der Ostsee. Hier brüten Tausende von Trottellummen und Tordalken. Diese Alkvögel werden wegen ihres schwarz-weißen Gefieders und ihrer etwas ungeschickten Fortbewegung an Land auch „Pinguine des Nordens“ genannt. Der Besuch der Vogelkolonien zur Brutzeit ist ein beeindruckendes Erlebnis, besonders an der Westküste von Stora Karlsö. Jedes Sims in den Steilwänden ist hier von Vögeln besetzt, das Geschnatter aus Tausenden von Vogelkehlen ist ohrenbetäubend, der Geruch nach Vogelkot und Fisch nimmt einem fast den Atem. Auf den Felsen starten und landen ständig Vögel, auf dem durchsichtigen grünen Wasser schwimmen viele weitere Tiere, andere tauchen in den fischreichen Gewässern im Sturzflug nach Nahrung.

Die Trottellummen haben nur sehr kleine Flügel und sind schlechte Flieger, aber geschickte Schwimmer und Taucher. Die Flügel dienen (auch) der Fortbewegung

Die zerklüfteten Küsten von Stora Karlsö sind landschaftlich sehr reizvoll.

beim Tauchen. Mit dem Fernglas kann man beobachten, wie diese Vögel quasi durch das grüne, glasklare Wasser „fliegen". Die Weibchen legen nur ein Ei, das auf den Felsvorsprüngen der Steilwände ausgebrütet wird. Das Junge wird hoch oben von den Eltern abwechselnd mit Fisch gefüttert. Ist das Küken circa drei Wochen alt, wird es Zeit, den Brutfelsen zu verlassen. Das Junge kann jedoch noch nicht fliegen. Der Vater wartet auf dem Wasser und ruft. Das Junge springt irgendwann widerstrebend vom Felsen ins Wasser (Lummensprung). Nur wenige Nistplätze liegen jedoch günstig direkt über dem Meer, die meisten leider oberhalb von Steinstränden oder Kalk-

Trottellummen in der Steilwand von Stora Karlsö. Einige Lummen tragen weiße Ringe um die Augen („Brillenlummen" oder „Ringellummen", zum Beispiel die dritte Lumme von rechts vorn).

Tordalke haben deutlich breitere Schnäbel als Lummen und wirken etwas gedrungener.

steinblöcken. Die Küken, die hier landen, sind zweifach gefährdet. Einerseits können sie sich beim Sprung verletzen, andererseits warten hungrige Möwen. Deshalb geschieht der Lummensprung meist nach Einbruch der Dämmerung. Glücklicherweise überleben die meisten Jungvögel. Ihre Knochen sind noch elastisch und biegsam. Zudem sind sie am Bauch durch ein weiches Fettpolster vor Verletzungen geschützt. Das Lummenmännchen schwimmt mit seinem Nachwuchs auf das offene Meer hinaus. In der südlichen Ostsee lernt das Junge fischen und fliegen. Das Weibchen folgt später. Es bleibt noch einige Wochen am Brutplatz.

Tordalke fliegen wie die Lummen mit sehr raschem Flügelschlag. Wie diese können sie gut tauchen und setzen ihre Flügel zur Fortbewegung unter Wasser ein. Während der Schnabel der Lummen einfach spitz zuläuft, ist der der Tordalke deutlich breiter und erinnert in der Form an den der Papageientaucher. Die Tord-

Grüne Tiefen und klares Wasser: Jagdgründe der Vögel vor Stora Karlsö

alke brüten auf tiefer gelegenen Simsen, sodass ihre Jungen es leichter haben als die kleinen Lummen.

Auf Stora Karlsö gibt es noch viele weitere interessante Vögel. Zahlreiche Küstenseeschwalben brüten auf den Stränden östlich des Hafens und erjagen im Sturzflug kleine Fische für ihren Nachwuchs, der gut getarnt im Strandgeröll auf Futter wartet. Möwen und Kormorane sitzen auf Kiesbänken und Steinen vor dem Strand. In den beiden kleinen Buchten westlich des Hafens kann man häufig Möwenküken oder Eiderenten mit ihren Jungen beobachten. Manchmal halten sich auch Eidererpel im Wasser vor den Inseln auf. Diese beteiligen sich nicht an der Aufzucht der Jungen. Außerdem sieht man häufig Mittelsäger, Gänsesäger, die seltenen Samtenten sowie Austernfischer und Sandregenpfeifer.

Möwenküken sind durch ihr graues, dunkel getupftes Daunenkleid gut getarnt. Auf steinigem Untergrund sind sie schwer zu entdecken. Norderhamn, Stora Karlsö

Samtenten vor Stora Karlsö. Das Gefieder dieser Enten ist sehr dunkel. Die Männchen haben eigenartige, hellblaue Augen, einen weißen Unteraugenfleck und orangefarbene Schnabeloberseiten.

Durch Schafbeweidung ist die Landschaft auf den Karlsinseln offen, allerdings mit kleinen Gebüschen und Gehölzen. Hier trifft man Singvögel wie den Sprosser, den Karmingimpel oder die Sperbergrasmücke an. Die hellen Kalksteinklippen, das Alvar, die Wacholderbüsche der Karlsinseln und die blaue Ostsee drumherum erinnern im Sommer bei schönem Wetter an eine Mittelmeerlandschaft. Am Weg von Norderhamn Richtung Süden liegt ein Brandungstor im Binnenland, das aus einer Zeit stammt, als der Meeresspiegel eines der Ostsee-Vorläufer noch höher lag.

Großes Brandungstor im Binnenland von Stora Karlsö. Hier brauste vor langer Zeit die Ostsee. In seinem Schatten wächst heute Streifenfarn.

Auch botanisch sind die Karlsinseln interessant. Auf beiden Inseln finden sich mehrere Orchideenarten, beispielsweise die Holunder-Fingerwurz, das Brand-Knabenkraut und das Männliche Knabenkraut. Auf Stora Karlsö blühen zudem im Frühjahr das Adonisröschen und das Große Windröschen. Waid, Eichenlattich, Hundszunge und Ochsenzunge sind weitere typische Pflanzen.

Die Höhlen der Großen Karlsinsel waren schon in der Altsteinzeit von Menschen bewohnt (s. S. 19 ff.). In der Bronze- und Eisenzeit entstanden auch einige Steinhaufengräber. Der große Naturforscher Carl von Linné besuchte die Insel 1741. Nach ihm wurde die Linné-Esche benannt, die er in seinem Reisetagebuch erwähnte und die noch heute auf einer Anhöhe im Osten der Insel wächst.

Blühende Hundszunge auf Stora Karlsö. Die silbrig behaarte Pflanze blüht purpur-violett und ist mit dem Borretsch verwandt.

Eine botanische Rarität auf Stora und Lilla Karlsö ist der in Höhlen und an anderen schattigen Stellen wachsende Hirschzungenfarn.

Stora Karlsö wurde lange Zeit von den Küstenbauern Gotlands als Schafweide genutzt. Früher befand sich in der Bucht von Norderhamn eine Fischersiedlung für den saisonalen Fischfang. Man sammelte außerdem Vogeleier und ging auf die Vogeljagd. Die Lummen und Alke waren Ende des 19. Jahrhunderts fast ausgerottet. In den 1880er Jahren gründete Willy Wöhler, der aus Schwerin stammte und auf Gotland lebte, mit Gleichgesinnten eine Aktiengesellschaft. Diese hatte als Ziel, Stora Karlsö zu kaufen, die Tiere dort zu schützen und die Jagd auf eine nachhaltigere, vernünftigere Art auszuüben. Die Aktieninhaber durften an Hasenjagden teilnehmen. Damit machte man den Aktienkauf attraktiv. Nach und nach gelang es dem Karlsö Jagd- und Tierschutzverein, den Bauern, denen Stora Karlsö ursprünglich gehörte, fast die gesamte Insel abzukaufen. So entstand eines der ältesten Naturschutzgebiete der Welt. Die Insel wird heute immer noch vom Karlsö-Verein bewirtschaftet. Für Naturenthusiasten werden geführte Wanderungen angeboten. Es gibt einige

Lilla Karlsö ragt mit ihren steilen Klippen wie eine Burg aus der Ostsee empor. An der Südseite finden sich jedoch auch flache Strandwiesen.

einfache Übernachtungsmöglichkeiten, eine Cafeteria, ein kleines Museum über die Geologie und Natur der Insel, Seminarräume und sanitäre Anlagen. Viele junge Leute, darunter Studenten, arbeiten hier im Sommer als Exkursionsleiter oder führen Vogelzählungen und -beobachtungen sowie weitere Forschungsvorhaben durch.

Die Vogelkolonien von Lilla Karlsö sind deutlich kleiner als die ihrer größeren Nachbarinsel. Auf der kleinen Karlsinsel weiden gehörnte Gotlandschafe („gutefår", s. S. 258 ff.). Hier finden sich im Süden flache Strandwiesen mit vereinzelten Büschen und Bäumen, die nach Norden hin an ein steiles Felsplateau grenzen. Auf den Strandwiesen brüten unter anderem Eiderenten. Eine geologische Besonderheit an der Westküste der Insel sind Kalkfelsen, in denen sich seltsame Strukturen befinden. Sie erinnern entfernt an die Klauenabdrücke von Rehen oder Hirschen. Es handelt sich um besondere Fossilien, nämlich die Schalenreste des Brachiopoden (Armfüßers) *Pentamerus*.

Höhlen und Kalksteingeröll an der Nordseite von Lilla Karlsö, vom Boot aus gesehen

Erlebnistipp:

Naturerlebnis Karlsinseln

Ein Ausflug auf die Karlsinseln ist ein Muss für jeden Naturfreund. Von Klintehamn fährt täglich ein Boot nach Stora Karlsö (Mai bis Anfang September). Man kann einen Tagesausflug machen oder auch auf der Insel übernachten (vorherige Buchung der Übernachtung erforderlich). Lilla Karlsö wird von der schwedischen Naturschutzvereinigung (Naturskyddsföreningen) verwaltet und nur während weniger Sommerwochen angelaufen, etwa Anfang Juli bis Anfang August.

Die größten Vogelkolonien findet man auf Västerberget und Stornasar an der Westküste von Stora Karlsö. Auf beiden Inseln darf man im Rahmen geführter Wanderungen nur bestimmte Wege benutzen. Der Rest der Inseln ist für die Öffentlichkeit gesperrt. Die Führungen sind gewöhnlich in schwedischer Sprache. Die sehr hilfsbereiten Guides sprechen jedoch in der Regel Englisch, manchmal auch Deutsch. Man kann jederzeit Fragen stellen und bekommt die wichtigsten Dinge übersetzt. Bei einer größeren Anzahl nichtschwedischer Besucher werden auch englischsprachige Führungen angeboten.

Wichtiger Hinweis: Auf beiden Inseln gelten strenge Naturschutzbestimmungen. Das Sammeln von Pflanzen, Tieren, Vogeleiern oder Fossilien etwa ist streng verboten. Die Tiere dürfen nicht beunruhigt werden.

Erlebnistipp:

Gotska Sandön

Die „Gotländische Sandinsel“ liegt 37 Kilometer nördlich von Fårö und ist ein Nationalpark mit ganz viel Natur. Der höchste Punkt liegt 42 Meter über dem Meeresspiegel. Die weitläufigen Strände werden teilweise von bis zu 15 Meter hohen Dünen gesäumt. Bei starken Stürmen verändert sich regelmäßig die Küstenlinie. Die Insel ist zu einem großen Teil mit Nadelwald bedeckt. Gotska Sandön bietet vor allem gute Möglichkeiten zur Vogel- und Insektenbeobachtung. Außerdem interessant sind die Kegelrobben, die sich an manchen Stränden und in den Gewässern rund um die Insel aufhalten.

Von Nynäshamn auf dem schwedischen Festland und von Fårösund auf Gotland aus kann man die Insel mit dem Boot erreichen. Fährt man von Gotland ab, ist immer eine Übernachtung erforderlich. Da die Insel nur im Sommer und nicht an jedem Tag angelaufen wird, sollte man sich im Voraus gut über die Fahrpläne informieren. Auf der Sandinsel gibt es keinen richtigen Hafen. Das Boot kann deshalb bei starkem Wind oder Sturm nicht anlegen. Es ist also wichtig, vor einer geplanten Tour den Wetterbericht zu beachten. Auf der Sandinsel gibt es keine Hotels oder Ferienhäuser, sondern nur einfache Hütten, wo man ein Bett mieten kann, sowie einen Zeltplatz. Lebensmittel muss man selbst mitnehmen.

35. Bitte Fernglas mitbringen: Überall piept es!

Schwedische Ornithologen, Vogelschützer und -beobachter streiten sich gern, welcher Teil Schwedens für sie am interessantesten ist. Gotland gehört neben Öland und Schonen sicherlich zu den besten Lokalitäten, wenn man sich für Vögel interessiert. Im Frühjahr und Sommer gibt es praktisch keinen Ort, an dem auf Gotland nicht irgendein Vogel singt, ruft, krächzt, quakt oder zwitschert. Hier findet man viele Arten, die andernorts selten geworden sind. Die Route vieler Zugvögel führt über Gotland. Die Vögel rasten auf der Insel und sammeln neue Kraft für den weiteren Weg. Im Frühjahr und Herbst kann man viele besondere Vogelarten beobachten, die weiter nördlich, östlich oder in der Arktis nisten. Im Winter friert die Ostsee um Gotland selten zu. Daher überwintern hier einige arktische Vögel, unter anderem Singschwäne, Eisenten, Prachteiderenten oder Eistaucher. Im Sommerhalbjahr ist Gotland ein Vogelparadies, das spannende Beobachtungen ermöglicht. An Stränden und Seen, auf Alvar- und Moorflächen halten sich seltene Watvögel (Limikolen) wie Brachvögel, Säbelschnäbler, Bekassinen, Goldregenpfeifer oder Kampfläufer auf. Rotschenkel, Austernfischer oder Sandregenpfeifer sind so häufig, dass man sie sogar im Stadtgebiet von Visby sieht.

Ruhender Austernfischer an der Strandpromenade von Visby. Die schönen schwarz-weißen Vögel haben leuchtend rote Schnäbel und rote Augen. Manchmal sieht man sie sogar auf Rasenflächen oder grasbewachsenen Verkehrsinseln mitten in Visby.

Rotschenkel sind an ihren leuchtend orangeroten Beinen und ihrem flötenden Ruf zu erkennen. Sie sind auf Gotland sehr häufig und brüten auf Strandwiesen, an Seen und an aufgegebenen, überfluteten Steinbrüchen.

Sandregenpfeifer nisten an vielen Stränden. Trotz ihres kontrastreichen Gefieders sind sie zwischen den Steinen oft kaum zu erkennen.

Uferschnepfen haben ungewöhnlich lange Schnäbel, mit denen sie auf Wiesen oder im seichten Wasser nach Nahrung suchen.

Kiebitze tragen einen auffälligen Federschopf. Mit ihren breiten Flügeln sind sie geschickte Flieger. Die Männchen können beim Fliegen ein eigenartiges, „wummerndes" Geräusch erzeugen.

Kiebitzküken sind Nestflüchter und suchen schon kurz nach dem Schlüpfen in der niedrigen Vegetation nach Nahrung.

Viele Limikolen haben schöne flötende Rufe. Besonders den Rotschenkelruf lernt man auf Gotland schnell kennen und lieben. Die Stimmen der Regenpfeifer wirken etwas melancholisch. Der Ruf des Brachvogels ist mit seinen aufgeregt klingenden, kunstvollen Trillern unverkennbar und weithin zu hören. Im Gelände sind Brachvögel wegen ihres unauffälligen, braunen Gefieders nur schwer zu erkennen. Im Flug hingegen sind sie durch den langen, gebogenen Schnabel sehr auffällig. Während des Frühsommers entdeckt man manchmal mit viel Glück ihre Küken, die unter der Aufsicht des Elterntiers auf Strandwiesen oder Alvarflächen nach Futter suchen.

Verschiedene Limikolenarten sieht man im flachen Wasser mit ihren Schnäbeln nach Nahrung stochern. Ihre Schnäbel sind in Form und Länge an bestimmte Stra-

Brachvögel zählen zu den größten europäischen Watvögeln. Sie haben ein unauffälliges braunes Gefieder und einen charakteristisch gebogenen, langen Schnabel.

Anders als ihr Name andeutet, halten sich Flussuferläufer auf Gotland an vielen Ostseeständen auf.

Steinwälzer haben eine besondere Methode, um Nahrung zu finden. Sie wenden mit ihren Schnäbeln Steine oder angeschwemmte Algen um, um darunter verborgene Kleintiere zu erbeuten.

Die eleganten Säbelschnäbler haben außergewöhnlich geformte, nach oben gebogene, dünne Schnäbel. Ihre langen Beine sind hellblau.

tegien zur Nahrungssuche angepasst. Im tieferen Wasser sieht man zum Beispiel Brachvögel oder Uferschnepfen mit ihren sehr langen Schnäbeln, im flacheren Wasser Rotschenkel, Austernfischer oder Flussuferläufer. Sandregenpfeifer oder Kiebitze dagegen picken mit ihren kurzen Schnäbeln gern am Spülsaum oder auf trockengefallenen Schlickflächen.

Goldregenpfeifer besitzen ein braungoldenes Rückengefieder und eine dunkle Brust. Ihre Schnäbel sind sehr kurz.

Vorsicht, Nest!

Besonders auf Stränden oder Strandwiesen sind Nester und Gelege von Vögeln häufig schwer zu erkennen. Austernfischer und Regenpfeifer beispielsweise drücken einfach nur flache Gruben in den Kies und legen ihre Eier hinein. Mit ihren dunklen Flecken sind die Eier sehr gut getarnt; man erkennt sie kaum auf dem steinigen Untergrund. Nähert man sich versehentlich ihrem Brutplatz, beginnen viele Vogelarten aufgeregt zu rufen und versuchen, durch Hängenlassen eines Flügels, aufgeregtes Herumfliegen, Rufen oder sonstiges auffälliges Verhalten vom Gelege abzulenken. Man sollte dann einen großen Bogen um die Stelle machen, damit man das Gelege nicht versehentlich zertritt und die Vögel nicht unnötig beunruhigt.

Ebenfalls an den Küsten und an Gewässern halten sich viele Enten und Säger auf, etwa Löffel-, Samt-, Krick-, Schnatter-, Knäck- und Eiderenten, Mittel- und Gänsesäger. Viele Eiderenten brüten auf Gotland. Die Männchen tragen zur Paarungszeit im Spätwinter und im zeitigen Frühjahr ein schönes schwarz-weißes Prachtgefieder mit grünen Partien am Kopf und lachsrosa überhauchter Brust. Die weiblichen Eiderenten sind schlichter gefärbt und ähneln Stockenten; sie sind jedoch größer, besitzen einen keilförmigen Kopf und einen kräftigeren Schnabel. Zum Nestbau zupfen sie

Fliegende Schnatterenten vor Garnudden. Schnatterenten sind kleiner und schlanker als Stockenten.

sich die weichen Brustdaunen aus, um das Nest damit auszupolstern. In früheren Zeiten wurden diese Federn gesammelt und für die Herstellung von Daunendecken verwendet. Eiderdaunen gelten wegen ihrer Weichheit und ihrer hohen Elastizität als die besten Daunen, die es gibt.

Eiderenten sind an das Leben in seichten Küstengewässern angepasst. Sie tauchen hier nach Muscheln und Kleintieren. Dies lernen schon die kleinen Entchen. Im Frühsommer sieht man oft Gruppen von mehreren Enten mit ihren Küken, die im flachen Wasser nach Nahrung suchen. Wenn man genau hinhört, kann man eine Art Zwiegespräch zwischen den Enten und ihren Jungen belauschen. Das dunkle Gackern der Großen wird durch helles Piepsen der Kleinen beantwortet. Die Bildung von Gruppen hat für die Entenmütter den Vorteil, dass sie ihre Küken besser gegen Möwen, Seeschwalben und andere Raubvögel verteidigen können. Nähert sich eine Gefahr, nehmen die Enten ihre Küken in die Mitte und recken drohend ihre Köpfe nach oben. Die Eidererpel halten sich nach der Paarungszeit einzeln oder in Gruppen vor der Küste auf und beteiligen sich nicht an der Aufzucht der Küken. Im Lauf des Sommers verlieren sie ihr Prachtgefieder und werden recht unansehnlich.

Auf Gotland brüten Gänsesäger und Mittelsäger. Säger sind Entenvögel, deren Schnabel vorn hakenförmig nach unten gebogen ist und gezähnte Ränder aufweist. Diese Schnabelform eignet sich besonders zum Fangen kleiner Fische. Die Sägerweibchen ziehen ihre Jungen allein groß. Man sieht Sägerinnen häufig, wie sie sich auf großen Steinen im flachen Wasser ausruhen, umgeben von ihren zahlreichen

Eiderenten mit Küken. Häufig tun sich mehrere Enten zusammen, um ihre Kükenschar gemeinsam zu betreuen.

Eidererpel, (noch) im schwarz-weißen Prachtgefieder. Im Sommer sieht man Gruppen von Eidererpeln oder einzelne Tiere oft vor den Küsten Gotlands.

Im Verlauf des Sommers verlieren Eidererpel ihr Prachtkleid und wechseln in ein dunkles, unauffälliges Schlichtkleid. Auch junge Erpel können dunkel und einfach gefärbt sein.

Küken. Sie sind ständig auf der Hut vor räuberischen Möwen. Fühlen sich Säger bedroht oder belästigt, recken sie wie die Eiderenten ihren Kopf auf charakteristische Weise nach oben.

Im Sommer halten sich auf Gotland viele Brandgänse auf. Die erwachsenen Vögel haben rote Schnäbel und ihr Gefieder ist durch einen rostfarbenen Ring an der Brust gekennzeichnet, das der Jungen ist schwarz-weiß. Bei den Brandgänsen teilen sich die Eltern die Aufzucht der Küken. Die kleinen, schwarz-weiß gefiederten Weißwangengänse (Nonnengänse) haben sich erst in den letzten Jahrzehnten als Brutvögel auf Gotland etabliert. Sie brüten normalerweise in nördlicheren Gegenden. Heute kann man sie häufig auf Feldern oder Strandwiesen beobachten, wo sie mit ihren grauen, flaumigen Küken Futter suchen. Weitere Gänse, die auf Gotland brüten, sind Graugänse und Kanadagänse. Saatgänse, Blässgänse und Ringelgänse rasten in großen Scharen während des Vogelzuges auf Gotland.

Eine Gänsesägerin hütet ihre zahlreichen Küken. Wachsam blickt sie um sich, um die Jungen vor Gefahren zu schützen.

Weißwangengänse mit ihren grauen Küken auf einer Strandwiese

Wie an allen Küsten der Ostsee sind auch auf Gotland die Möwen zahlreich, besonders Sturm-, Herings-, Silber-, Lach- und Mantelmöwen. Mit Glück kann man auf den Stränden im Frühsommer Möwenjunge beobachten, die jedoch durch ihre grauen, schwarz gesprenkelten Flaumfedern gut getarnt und schwer zu erkennen sind.

Seeschwalben sind bemerkenswerte Tiere. Mindestens fünf Arten dieser eleganten Flieger brüten auf Gotland, nämlich Küsten-, Fluss-, Zwerg-, Raub- und Brandseeschwalben. Die Zugrouten der Küstenseeschwalben sind rekordverdächtig. Sie überwintern am entgegengesetzten Ende der Welt, nämlich in der Antarktis (!), bevor sie zur Brutzeit an die europäischen Küsten zurückkehren.

Um Fisch zu fangen, patrouillieren Seeschwalben häufig entlang der Küste auf und ab. Dabei blicken sie mit ihren scharfen Augen nach unten auf das Wasser. Erspäht die Seeschwalbe einen Fisch, hält sie inne, flattert kurz auf der Stelle und stößt im Sturzflug auf die Beute hinab. Mit einem kleinen Fisch im Schnabel taucht sie wieder auf. Andere Seeschwalben machen ihr die Beute manchmal streitig und

Vorsicht, Küstenseeschwalbe! Die zierlichen Vögel brüten auf offenen Strandwiesen und flachen Stein- oder Sandstränden. Sie sind in der Brutzeit sehr angriffslustig, wenn man ihrem Nest oder ihren Küken versehentlich zu nahe kommt.

Seeschwalben sitzen in der Paarungszeit häufig zu zweit auf Steinen und kommunizieren mit lautem Gekreisch.

versuchen, sie ihr abzujagen. Seeschwalben sind, vielleicht mit Ausnahme der Zwergseeschwalben, überhaupt sehr streitlustig: Häufig greifen sie mit aggressivem Gekreisch sogar viel größere und schwerere Vögel wie Möwen an und nehmen ihnen erfolgreich den Fang weg.

Bei der Brautwerbung schenkt der Seeschwalberich seiner Angebeteten oft einen kleinen Fisch, um sie gnädig zu stimmen. Auch dies geht mit sehr viel Gekreisch vonstatten. Vor Seeschwalben muss man sich in deren Brutzeit besonders in Acht nehmen. Sie brüten in kleinen Kolonien an flachen Stränden oder auf Strandwiesen. Nähert man sich unbeabsichtigt einem Nest, wird man zunächst drohend von ihnen umkreist. Dabei kann es geschehen, dass sich mehrere/viele Paare zusammentun. Kommt man zu nahe, stoßen diese Vögel ein unheilverkündendes Kreischen aus, gehen im Sturzflug zum Angriff über und hacken mit ihren Schnäbeln nach dem (vermeintlichen) Feind. Obwohl Seeschwalben recht klein und leicht sind, nimmt garantiert jeder spätestens jetzt Reißaus. Dies gilt auch für Tiere, zum Beispiel Füchse oder Raubvögel.

Brandseeschwalben haben einen schwarzen Schnabel mit gelber Spitze. Sie sind deutlich seltener als Küsten- oder Flussseeschwalben.

Auch Kraniche brüten auf Gotland. Die großen, grauen Vögel sind während des Vogelzugs sehr auffällig durch ihre lauten, trompetenden Rufe. Während der Brutzeit verhalten sie sich wesentlich leiser und unauffälliger. Ab und zu sieht man sie auf abgelegenen Feldern, an Seen oder auf Moorflächen, besonders frühmorgens oder abends.

Graureiher kennt man von Gewässerrändern im Binnenland, wo sie regungslos im flachen Wasser stehen und auf Fische oder Amphibien lauern. Auf Gotland sieht man sie auch häufig an den Stränden stehen, beispielsweise auf großen Steinen im seichten Wasser.

Die Wälder Gotlands beherbergen verschiedene Spechtarten, deren größter und auffälligster der Schwarzspecht ist. Diesen Specht sieht man ab und zu an Waldwegen oder wenig befahrenen Straßen. Er hat helle Augen und am Kopf eine Kappe aus leuchtend roten Federn.

Die winzigen Zwergseeschwalben erjagen wie ihre größeren Verwandten kleine Fische durch Sturztauchen.

Kranich an einem Gehölzrand auf Fårö

Blaue Stunde: Graureiher und Entenvögel in der Abenddämmerung vor Ireviken

Steinschmätzer zählen zu den häufigsten Singvögeln auf dem Alvar.

Neuntöter sind wenig scheu und lassen sich gut fotografieren.

Eine Goldammer hat zahlreiche Grashüpfer erbeutet, mit denen die Jungen gefüttert werden.

Die gotländischen Landschaften bieten gute Lebensräume für kleine Singvögel. Diese halten sich gern in Hecken, Gebüschen, Gehölzen oder auf Laubwiesen auf. Besonders frühmorgens und abends erschallt im Frühjahr und Frühsommer ihr herrlicher Gesang. Goldammern, Sprosser, Buchfinken, Distelfinken, verschiedene Drossel- und Meisenarten, Grasmücken und verschiedene Laubsänger sind nur einige Beispiele für den Reichtum an Singvögeln auf Gotland. Ein sehr häufiger Singvogel in offenen Landschaften und auf dem Alvar ist der Steinschmätzer. Nähern sich Menschen oder andere potenzielle Feinde seinem Brutrevier, so setzt sich der kleine Vogel auf einen erhöht stehenden Stein, einen Strauch, einen Zaunpfahl oder Ähnliches. Von hier aus warnt er mit einem hastigen Zwitschern, unterbrochen von Lauten, die auf größere Entfernung klingen wie „tock-tock-tock". Steinschmätzer brüten gern in Höhlen zwischen Steinen oder in alten Mauern. Man kann sie dort beobachten, wie sie Raupen und Insekten zu ihren Jungen bringen.

Auf offenen Kulturflächen und Wiesen sind Fasane recht häufig. Auch Rebhühner sieht man auf Gotland noch ab und zu. In der Umgebung der Torsburg soll es sogar noch eine kleine Population von Birkhühnern geben.

Gotlands Greifvögel sind ein besonderes Kapitel. Es ist hier nicht ungewöhnlich, zufällig auf Adler zu treffen, darunter Seeadler und Steinadler. Über einem alten Steinbruchgelände

Bestens getarnt: Die Fasanenhenne und ihre Küken erkennt man erst auf den zweiten Blick. Foto: Dr. A. Popp

Ein Seeadler wird von aufgebrachten Möwen verjagt, als er sich ihrer Brutkolonie nähert.

beobachtete die Autorin einen spannenden Luftkampf. Hoch in der Luft stritten zwei dieser riesigen Raubvögel um ein Beutetier, das der eine von ihnen in den Klauen hielt; wahrscheinlich war es ein Hase oder ein Lamm. Schließlich ließ der Adler die Beute fallen. Leider waren die Vögel nun außer Sicht, sodass man den Fortgang des Streits nicht weiter verfolgen konnte. An einem anderen Tag näherte sich ein Adler dem Brutgebiet verschiedener Küstenvögel. Darauf stieg ein riesiger Schwarm erzürnter Möwen auf. Es gelang den vielen kleineren Vögeln, den großen Raubvogel zu vertreiben. Nicht selten patrouillieren Adler auch entlang der Steilküsten der Nordwestküste oder im Gebiet rund um Hoburgen. Auch andere mittelgroße und kleinere Raubvögel wie Mäusebussarde, Wiesen- und Rohrweihen, Baumfalken oder Sperber sieht man ab und zu. Wer sich für die meist nachtaktiven Eulen interessiert, kann auf Gotland mehrere Arten antreffen.

Erlebnistipp:

Vogelbeobachtung auf Gotland

Auf Gotland und in Schweden allgemein ist das Beobachten von Vögeln ein beliebtes Hobby. Ein starkes Fernglas oder ein Spektiv sind empfehlenswert. Um einigermaßen gute Fotos zu machen, benötigt man ein Teleobjektiv mit langer Brennweite und gegebenenfalls ein Stativ. Durch aufrecht stehende oder gehende Menschen werden Vögel meistens beunruhigt und fliehen. Sitzend wird man von Vögeln oft nicht als Feind wahrgenommen und kann ihr Treiben besser beobachten. Für den Anfang ist es oft ausreichend, wenn man sich ruhig und unauffällig an einen einsamen Strandabschnitt setzt, am besten hinter einen Felsen oder einen Busch, und einfach abwartet. Ebenso kann man in Mooren, Laubwiesen oder Wäldern verfahren. Autos werden von vielen Vögeln nicht (mehr) als Gefahr angesehen, sodass oft vom Auto aus schöne Beobachtungen möglich sind. Es werden auch geführte Vogelwanderungen angeboten. Veranstalter sind private Unternehmen, das Naturum in Vamlingbo oder Gotlands Ornithologische Vereinigung.

An einigen besonders interessanten Stellen wurden Vogelbeobachtungstürme (schwedisch „fågeltorn") errichtet. Dies erleichtert die Beobachtung und schützt gleichzeitig die Vögel vor Beunruhigung. Die Beobachtungstürme sind ausgeschildert. Es versteht sich von selbst, dass die Vögel nicht unnötig gestört werden dürfen und dass man ihnen keinen Schaden zufügt. Die Vogelbeobachtungseinrichtungen sollte man selbstverständlich nicht beschädigen und sauber hinterlassen. Nach dem Aufenthalt dort müssen gegebenenfalls vorhandene Fenster oder Türen wieder geschlossen werden. Vogeltürme findet man unter anderem in Paviken, in Storsund, auf Furillen, im Träskmyr, auf Nyan, in Klase/Snoderviken, bei Inre Stockviken und im Muskmyr.

Vogelbeobachtungstürme (hier der von Stockviken) erleichtern die Vogelbeobachtung und helfen, die Vögel nicht unnötig zu beunruhigen.

Literaturhinweis: Einen hervorragenden Überblick über die gotländische Vogelwelt und gute Beobachtungsmöglichkeiten bietet das Buch „Skåda fåglar på Gotland" („Vögel beobachten auf Gotland", in schwedischer Sprache) von P. Smitterberg, s. auch S. 270 ff.

Wichtiger Hinweis: Bestimmte Areale sind Vogelschutzgebiete, die zur Brutzeit oder zur Zeit des Vogelzuges nicht betreten werden dürfen. Die Grenzen der Schutzgebiete sind in der Regel mit Schildern und Hinweistafeln markiert.

36. Russ und Gutefår: Alte Haustierrassen

In manchen einsamen Waldgebieten und Mooren, besonders auf der Lojstahajd, lebten früher seit grauer Vorzeit gotländische Wildpferde (gotländisch „russ"). Dies war möglich, da in dieser Gegend Quellmoore dafür sorgen, dass Wildtiere auch im Winter trinken können. Das aus der Tiefe aufsteigende Grund- beziehungsweise Quellwasser gefriert im Winter nur selten. Die Pferde sind recht klein und haben ein braunes Fell. Die Bezeichnung „russ" ist wahrscheinlich mit dem deutschen Wort „Ross" verwandt. Vermutlich wurden die Pferde irgendwann in der Steinzeit von Menschen nach Gotland gebracht.

Bis in die 1930er Jahre fing man Pferde aus den wilden Herden und zähmte sie. Der Lebensraum der Wildpferde ging durch die zunehmend intensivierte Landwirtschaft jedoch immer mehr zurück. Schließlich gab es nur noch wenige Exemplare. Auf private und staatliche Initiative wurde daraufhin versucht, das Überleben der Gotlandpferde zu sichern, was auch gelang. Heute weidet eine halbwilde Herde von etwa 50 Stuten auf verschiedenen Flächen auf der Lojstahajd (Russparken, Mallgårds Källmyr und Umgebung). Anfang Juni wird ein Hengst auf die Weide gelassen, der den Sommer mit den Stuten verbringt. Alle zwei bis drei Jahre wird er ausgetauscht, um Inzucht zu vermeiden. Im Frühjahr werden die Fohlen geboren. Sie haben ein deutlich helleres Fell als die erwachsenen Pferde. Es wird dunkler, wenn sie heranwachsen. Auch einige Privatleute auf Gotland halten und züchten Gotlandsruss.

Erlebnistipp:

Gotlandpferde

Bei Wanderungen in den Quellmoren und Wäldern rund um Russparken trifft man mit Glück auf diese urtümlichen Pferde und ihre Fohlen und kann sie beobachten. Die Stuten sind halb zahm und nähern sich manchmal neugierig. Ende Juli findet jedes Jahr ein großes Fest statt, bei dem die besten Gotlandpferde prämiert werden.

Gotland ist eine schafreiche Insel. Die Tiere weiden auf eingezäunten Wiesen, aber auch auf scheinbar offenen Naturflächen, die weitläufig mit Zäunen und einem „färist" („Viehrost", = Gitter, das quer über die Fahrbahn verläuft und die Flucht der Tiere verhindert) abgesperrt sind. Falls man also einen Strandspaziergang macht und plötzlich hinter einem Wacholderbusch etwas rascheln hört, muss man damit rechnen, dass es einfach nur freilaufende, neugierige Schafe sind. Bei Fahrten mit

„Russ" mit Fohlen, Mallgårds Källmyr

dem Auto über solche offenen Schafweiden (etwa auf Fårö oder Närsholmen) muss man vorsichtig fahren, um die Schafe nicht zu gefährden.

Das Fell der gotländischen Schafe ist mittel- oder anthrazitgrau, weich und gelockt, das der Lämmer fast schwarz. Sowohl die Wolle der Schafe als auch das Fell werden auf Gotland zu schönen kunsthandwerklichen Produkten verarbeitet. Aus der Wolle entstehen Wolldecken und Plaids, hochwertige, gestrickte Pullover, Handschuhe oder Schultertücher. Aus dem Fell werden Jacken und Mäntel, Hausschuhe, Mützen oder Möbelbezüge hergestellt. Nicht zuletzt ist Lammfleisch eine Delikatesse der gotländischen Küche.

Die Schafe, die man auf Gotland hielt, hatten ursprünglich Hörner, sowohl die Widder als auch die weiblichen Schafe. Die alte Schafrasse heißt „gutefår" und wird noch auf einigen Höfen gehalten, vor allem auf Fårö, im Süden Gotlands sowie auf Lilla Karlsö. Die meisten Landwirte bevorzugen heute jedoch die hornlosen Schafe.

Dieses gehörnte Gotlandschaf fühlt sich offensichtlich wohl, obwohl es kürzlich geschoren wurde.

Die meisten Schafe auf Gotland haben ein graues Fell, ihre Lämmer ein fast schwarzes.

Widderfiguren aus Beton dienen auf Gotland zum Absperren von Parkplätzen oder Fußwegen.

Erlebnistipp:

Lammgård

Schafe wurden/werden auf Gotland und Fårö nicht wie in Schweden „får“ genannt, sondern „lamm“ oder „lamb“. Einige Bauern haben sich auf die Schafzucht und Schafhaltung spezialisiert und vermarkten das Fleisch sowie Produkte aus Wolle und Schaffell selbst. Auf ihren Höfen kann man diese Erzeugnisse in Hofläden erwerben (Hinweisschilder an der Straße beachten).

37. Meeresbewohner im Brackwasser

Eine Besonderheit der Ostsee ist, dass sie nur durch das Kattegat mit der Nordsee und damit mit den Weltmeeren verbunden ist. So ist der Zustrom an salzigem Wasser recht gering und macht sich im Wesentlichen in der westlichen Ostsee bemerkbar. Andererseits strömt über viele Flüsse und natürlich durch Niederschläge reichlich Süßwasser in das Baltische Meer. Dies hat zur Folge, dass das Ostseewasser immer weniger Salz enthält, je weiter man nach Norden und Osten kommt. Der Brackwassercharakter bewirkt, dass nur im westlichen Teil nördlich der dänischen Inseln eine vollmarine Fauna und Flora vorhanden ist. In den östlichen und nördlichen Meeresgebieten kommen neben brackwassertoleranten Meeresfischen viele Arten vor, die man eher aus Flüssen und Seen kennt, etwa Hechte oder Flussbarsche. Wenn man die artenreiche Molluskenfauna des Kattegats vor Augen hat, wird man feststellen, dass

Interessanter Strandfund: Häutungsrest einer Baltischen Riesenassel

Die angespülten Miesmuscheln auf Fårö sind auffallend kleinwüchsig.

Ein Gänsesägerweibchen hat einen Plattfisch erbeutet.

die Muscheln und Schnecken in den Gewässern um Gotland überwiegend kleinwüchsig sind und viel weniger Arten umfassen. Besondere Funde im östlichen und nördlichen Bereich der Ostsee sind jedoch große Asseln wie die Baltische Riesenassel, deren Häutungsreste man mitunter am Spülsaum entdeckt. Diese Tiere sind typische Bewohner des Brackwassers.

Viele Vögel haben in den Gewässern um Gotland ihre Fanggründe. Besonders bei der Beobachtung von Seeschwalben sieht man diese häufig mit kleinen Fischchen im Schnabel. Wenn man nicht gerade Angler ist, sieht man jedoch eher wenig von den silbrigen Bewohnern der Tiefe. Doch offenbaren Strandfunde oder Beobachtungen am Wasser, dass die Ostsee hier einige interessante Bewohner hat. So findet man auch angespülte Fische oder solche, die von jagenden Vögeln fallen gelassen wurden. Nicht selten sind dies Plattfische. In kleinem Maßstab wird um Gotland herum noch Fischfang betrieben und der Fisch - frisch zubereitet, geräuchert oder eingelegt - in Räuchereien, Restaurants oder Fischbuden zum Verkauf angeboten, etwa Hering, Dorsch oder Scholle.

Mit viel Glück kann man auf den Schlickbänken vor Näsudden (Storgrunn) mit dem Fernglas Robben beobachten, hauptsächlich Kegelrobben. Seehunde und Kegelrobben sind in der Ostsee sehr selten geworden. In früheren Zeiten waren sie jedoch so häufig, dass sie auf Gotland und Fårö bejagt wurden. In der Kirche von Fårö befindet sich eine Tafel, die von einem gefährlichen Jagdausflug im Jahr 1603 berichtet. Um Robben zu erlegen, gingen einige Jäger im Winter aufs Eis. Dieses brach jedoch auseinander und die Männer wurden auf einer Eisscholle aufs Meer hinausgetrieben. Drei von ihnen konnten Gotska Sandön erreichen, die übrigen

Fischschuppen, Haut und Gräten: Überbleibsel einer Vogelmahlzeit

zwölf trieben zwei Wochen (!) auf der eisigen Ostsee, bis die Eisscholle glücklicherweise an der schwedischen Küste angetrieben wurde. Zum Dank für ihre Rettung stifteten die Überlebenden eine Tafel.

Überdüngung und Algenwachstum bilden aktuell große Probleme für die Ostsee. Dünger, der eigentlich für die Felder bestimmt ist, gelangt über Bäche und Flüsse von den Anrainern in das kleine Binnenmeer und führt regelmäßig zu einer starken Zunahme des Algenwachstums, besonders im Sommerhalbjahr. Einige (vor allem einzellige) Algen produzieren Gifte, die eine große Gefahr für andere Meeresbewohner darstellen - und manchmal auch für badende Menschen. Abgestorbene Algen und andere Organismen sinken zu Boden und bilden zudem Faulschlamm, wo durch bakterielle Zersetzung der Sauerstoff verbraucht und giftiger Schwefelwasserstoff ins Wasser abgegeben wird. Zwischen dem sauerstoffarmen Ostseewasser in der Tiefe und dem sauerstoffreicheren Oberflächenwasser findet in der Regel nur wenig Wasseraustausch statt. Das Leben am Boden der Ostsee ist dadurch für Fische und viele andere Meeresorganismen gebietsweise nicht mehr möglich. Günstig wirken sich Stürme aus, die für eine gewisse Durchmischung des Wassers sorgen. Bei Weststürmen gelangt zudem salziges, sauerstoffreiches Wasser über das Kattegat und die Belte aus der Nordsee in die westliche Ostsee.

Es soll hier kein falscher Eindruck entstehen. Die Gewässer um Gotland herum sind recht sauber und zum Baden und Angeln gut geeignet. Manchmal bilden sich jedoch im seichten Wasser der Lagunen und Buchten klebrige, faulende Algenteppiche.

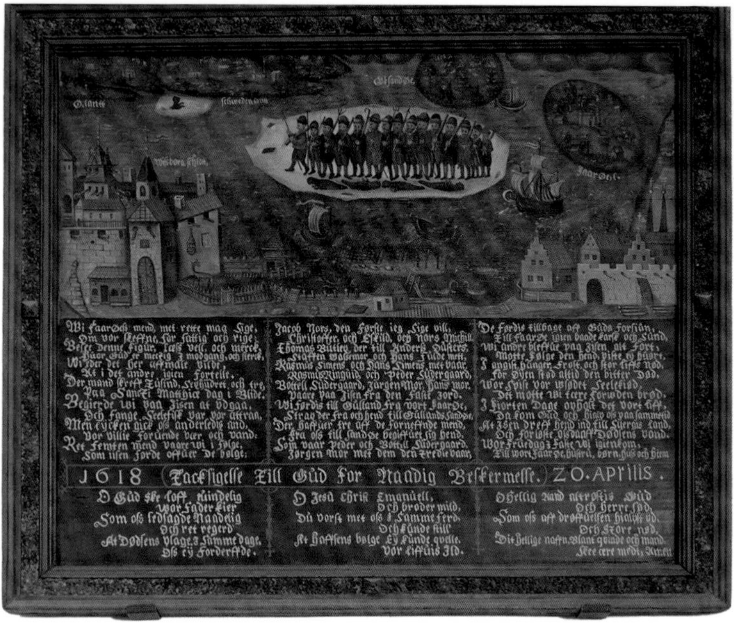

Diese Tafel aus dem 17. Jahrhundert hängt in der Kirche von Fårö. Sie berichtet von der glücklichen Rettung einiger Robbenjäger, die mit einer Eisscholle abtrieben.

Davon zu unterscheiden sind höhere Algen bzw. Tang und Seegras, die durch Sturm und hohen Wellengang an die Küsten geschwemmt werden. Diese stellen, jedenfalls wenn sie auf den Stränden liegen, in der Regel keine besondere Gefahr dar. Einige Vögel und Insekten suchen darin sogar bevorzugt nach Nahrung. Der Gestank der faulenden Algen auf den Stränden ist jedoch manchmal bis ins Binnenland wahrnehmbar. Besonders betroffen ist die Westküste, beispielsweise bei Tofta und Västergarn. Der angespülte Tang wurde früher von den Bauern (und heute noch von manchen Gartenbesitzern) gesammelt und zur Düngung der Felder oder Gemüsebeete verwendet.

38. Seenebel, Abendrot und Sonnenhunde: Der Himmel über Gotland

Himmel, Sonne, Mond und Wolken gibt es natürlich überall - an jedem Ort der Erde. An jedem Urlaubsort der Welt genießen Reisende Sonnenaufgänge und -untergänge oder den Schein des Mondes. Trotzdem möchte die Autorin dieses Buches behaupten: Auf Gotland mit seinen vielen Küsten und seiner Lage in der nördlichen Ostsee sind die Himmelsphänomene besonders schön. Im Sommer sind die Sonnenaufgänge extremen Frühaufstehern vorbehalten. Dafür bietet die Westküste fantastische Sonnenuntergänge. Ein beliebter Ort, um diese zu bewundern, ist das Högklint südlich von Visby, ein steiles Küstenkliff, auf dem ein ebenes Plateau eine weite Sicht über das Meer erlaubt.

Sonnige Sommerabende auf Gotland und anderen Inseln der nördlichen Ostsee haben ein schwer zu beschreibendes, klares, golden-blaues Licht, das man nie mehr vergisst, wenn man es einmal erlebt hat. Es legt sich über die Landschaft und lässt sie in einer fast überirdischen, ruhigen Schönheit erstrahlen. Im Sommer dauert die Dämmerung sehr lange, lange genug, um an ruhigen Abenden zuzusehen, wie die Sonne die Wolken zunächst vergoldet, bis das Licht dann über Rot-, Rosa- und Violetttöne langsam verblasst und in ein tiefes Blau übergeht. An einsamen Stränden sieht man jetzt ruhende Seevögel auf großen Steinen im Wasser sitzen.

Da Gotland eine recht flache Landschaft besitzt - die höchste Erhebung liegt nur 83 m über dem Meeresspiegel - wirkt der Himmel hoch und weit und die Wolken

Ein Gewitter zieht über Lilla Karlsö.

Regenbogenfarbene Nebensonne („Sonnenhund") über Gotland

beeinflussen das Aussehen der Landschaft in höherem Maß als anderswo. Ein heranziehendes Gewitter ist mit seinen dunklen, finsteren Wolkenbergen spannendes Himmelstheater. Oft lassen weiße Schäfchenwolken die gotländische Landschaft hell und heiter erscheinen. Nicht selten sieht man hier auch Wolkenformationen, die aussehen wie Rippelmarken im Sand. Auf diese Weise wirken sie wie ein Spiegelbild des Strandes.

Eine typische Wettererscheinung, vor allem im gotländischen Frühsommer, ist der Seenebel. Das Wasser der Ostsee ist vom letzten Winter her noch sehr kalt, das Land durch die langen Sonnenstunden jedoch schon deutlich erwärmt. Deshalb sieht man häufig Nebelschwaden und niedrige Wolkenfetzen über der See. An manchen Tagen ziehen sie auch über die Küsten, um sich dann im Binnenland schnell aufzulösen.

Auf den nördlichen Ostseeinseln scheint das Phänomen der Nebensonnen häufiger vorzukommen als weiter im Süden. Nebensonnen oder Sonnenhunde sind regenbogenartige Lichtbrechungen, die rechts und links neben der eigentlichen Sonne auftreten. Sie entstehen an Eiskristallen beziehungsweise feinen Schleierwolken in einem bestimmten Winkel neben dem Tagesgestirn. Wunderschön und romantisch sind natürlich auch der Mond und die Sterne über Gotland, wenn im Westen die Sonne verschwindet und im Osten der Mond hinter den Kiefern leuchtet und ein Stern nach dem anderen sichtbar wird.

Seenebel an der Steilküste von Sigsarve

Der Sonnenuntergang vergoldet die filigranen Fruchtstände des Wimper-Perlgrases.

39. Naturschutz auf Gotland

Die wunderschöne, artenreiche und besondere Natur ist heute Gotlands größter Reichtum. Obwohl man sich in Schweden sehr frei bewegen kann, sind für Besucher einige Dinge zu beachten:

- Besonders in Vogelschutzgebieten ist das Betreten zu manchen Jahreszeiten verboten, zum Beispiel zur Brutsaison im Frühjahr und Sommer oder aber zur Zeit des Vogelzuges im Frühjahr und Herbst.
- Das Entzünden von Feuer oder das Grillen ist vielerorts verboten oder nur auf ausgewiesenen Grillplätzen gestattet, vor allem wegen der Waldbrandgefahr.
- Autofahrer (und natürlich auch Motorradfahrer) dürfen nur auf den Wegen fahren, nicht quer durch die Landschaft. In manchen Naturschutzgebieten ist auch das Parken nur auf bestimmten Flächen erlaubt. Teilweise besteht auch ein Reitverbot.
- Hunde müssen im Sommerhalbjahr in der Natur angeleint werden. Das gilt besonders für die ausgewiesenen Naturschutzgebiete.
- Das Abbrechen von Ästen und Zweigen oder das Pflücken oder Ausgraben geschützter Pflanzen (zum Beispiel von Orchideen) ist verboten. Meist ist es jedoch gestattet, wildwachsende Pilze oder Beeren zu pflücken, um sie zu essen.
- Tiere dürfen nicht gestört oder gefährdet werden.
- Es ist nicht gestattet, an Steilküsten oder Felsen (insbesondere in Raukgebieten) das anstehende Gestein mit dem Hammer oder ähnlichen Werkzeugen zu beschädigen oder zu bearbeiten. In manchen Schutzgebieten (zum Beispiel an der Eksta-Küste, am Rönnklint oder in Langhammars auf Fårö) dürfen auch keine losen Gesteine aufgehoben oder entnommen werden.
- Man sollte selbstverständlich keinen Müll hinterlassen.
- Besondere Bestimmungen gelten für das Campen beziehungsweise Zelten in freier Natur.

Die Regeln zum Verhalten in der Natur sind im schwedischen „Jedermannsrecht" (schwedisch „Allemansrätten") festgeschrieben. In Fremdenverkehrsbüros kann man Faltblätter mit genaueren Informationen dazu in verschiedenen Sprachen erhalten. Auf Gotland wurde eine Vielzahl von Naturschutz- und Biotopschutzgebieten ausgewiesen. Zu ihnen zählen Laubwiesen, Raukgebiete, bestimmte Strandabschnitte, Moore, Alvarflächen, Höhlen, Strandwallareale, Dünengebiete und so weiter. Die Grenzen der Naturschutzgebiete sind meist mit blau-weißen Schildern oder sternförmigen Markierungen an Bäumen gekennzeichnet. An den Zufahrten informieren große bebilderte Tafeln über die Besonderheiten des jeweiligen Gebiets.

Da in manchen Naturreservaten spezielle Vorschriften gelten, sollte man sich die Schilder gründlich durchlesen - zumal man dann besondere Pflanzen, Tiere oder Sonstiges viel leichter erkennt.

Gotland erlebt jährlich viele hunderttausend Besucher. Dies sehen viele Gotländer durchaus kritisch, obwohl der Tourismus zu den einträglichsten Wirtschaftszweigen der Insel gehört. Die Einheimischen achten sehr genau darauf, dass die geltenden Bestimmungen eingehalten werden, und weisen Touristen ohne viele Umstände streng darauf hin, wenn diese die Regeln - ob nun versehentlich oder mutwillig - verletzen. Man sollte sich als Tourist auf Gotland also besonders gut benehmen und sich möglichst unauffällig und respektvoll verhalten.

Warnschilder und Tafeln weisen auf Gotland auf Vogelschutzgebiete hin. Diese dürfen zu bestimmten Jahreszeiten nicht betreten werden, um die Vögel während der Brutzeit oder auch während des Rastens in der Zeit des Vogelzuges nicht zu stören.

Danksagung und Quellenangaben/Literaturhinweise

Dank

Die Autorin bedankt sich besonders bei Herrn Dr. A. Popp (Quarnbek) für die gemeinsamen Reisen nach Gotland. Ihm und meiner Mutter, Frau G. Rohde (Schwentinental), gebührt außerdem großer Dank für die kritische Durchsicht des Manuskripts. Die Autorin bedankt sich außerdem herzlich bei H. Leipnitz (Uelzen), Ehepaar A. und R. Bertling (Achterwehr), Ehepaar G. und A. Paulsen (Altenholz), Herrn M. Kutscher (Sassnitz) und Frau U. Mattern (Hamburg) für viele Tipps und Hinweise. Herzlichen Dank auch an Herrn U. Meisinger (Flensburg) für die schönen fossilen Trilobiten. Großer Dank auch an das Staatliche Historische Museum in Stockholm und die verschiedenen im Text genannten gotländischen Museen und Institutionen für die Erlaubnis zum Abdruck von Fotos.

Zum Weiterlesen: Quellen und Literatur zum Thema Gotland

AB Lummelundagrottorna (1990): Lummelundagrottan. Bokförlaget Hanseproduktion AB, Visby.

Åsberg, K. H. (2014): Krigssjukhuset på Gotland en - tillflykt för krigets offer. Läkartidningen 41/2014, abgerufen via Internet am 28.04.17.

Blomberg, M.-G. et al. (2007): Bungemuseet. Friluftsmuseet på norra Gotland. Ohne Verlags- und Ortsangabe.

Blunt, W. (2001): The Compleat Naturalist. A Life of Linnaeus. Frances Lincoln, London.

Bohn, R. (1997): Reisehandbuch Gotland. Konrad Stein Verlag, Kiel.

Dahlin, A. (Hrsg.) (2007): Gotland erleben. Natur und Kultur von Fårö bis Hoburgen. Länsmuseet på Gotland/Länsstyrelsen Gotland, Visby.

Domeij, M. et al. (1998): Skatter. Länsmuseet Gotlands Fornsal, Visby.

Edberg, R. (2017): Vikingar i österled. Gamla båtar och moderna färdexperiment. Stockholm Marine Archaeology 7, Stockholm.

Ekstam, U./Forshed, N. (2002): Svenska Alvarmarker - Historia och Ekologi. Naturvårdverket Förlag, Stockholm.

Ekstam, U./Jacobsen, R./Mattson, M./Porsne, T. (1988): Ölands och Gotlands Växtvärld. Natur och Kultur, Stockholm.

Eliason, S./Ström, G. (2000): Fossilien auf Gotland. Länsmuseet på Gotland/Russi, Visby.

Eliason, S. (2021): Gotlands Fossil. Fornsalen Förlag, Visby.

Eliason, S./Bassett, M. G./Willman, S. (2010): Geotourism Highlights of Gotland - NGO GEOGuide Baltoscandia. Uppsala University, Tallinn.
Eliason, S./Sjöswärd, U. (2007): Orkidéerna på Gotland. Länsmuseet på Gotland, Visby.
Eliasson, C. U./Ryrholm, N./Holmer, M./Jilg, K./Gärdenfors, U. (2005): Nationalnyckeln till Sveriges Flora och Fauna. Fjärilar: Dagfjärilar. Hesperiidae - Nymphalidae. Artdatabanken, SLU, Uppsala.
Enquist, Per Olov (2016): Die Ausgelieferten. Fischer Taschenbuchverlag, Frankfurt/M.
Elmquist, H./Liljeberg, G./Top-Jensen, M./Fibiger, M. (2011): Sveriges Fjärilar. En fälthandbok över Sveriges samtliga dag- och nattfjärilar. Aprilina AB, Västerljung.
Gahm, Ulf (2012): Kunglig Glans på Fridhem. - in: Gotlandsguiden 2012 - Allt du behöver veta om Gotland: 118.
Graichen, G./Hammel-Kiesow, R. (2011): Die deutsche Hanse - Eine heimliche Supermacht. Rowohlt Verlag, Reinbek.
Ingmansson, G. (2021): Gotlands orkidéer. Gotlands Botaniska Förening och Gotlandica Förlag, Klintehamn.
Johannsson,B. G./Petersson, J. (Hrsg.) (2016): Gotlands Flora, Band 1. SBF Förlag, Uppsala.
Johannsson,B. G./Petersson, J./Ingmansson, G. (Hrsg.) (2016): Gotlands Flora, Band 2. SBF Förlag, Uppsala.
Jonsson, M./Jonsson, H. (2006): Linné på Gotland. Gotlandsboken AB, Burgsvik.
Jonsson, M./Lindquist, S.-O./Hejdström, R. (1993): Kulturführer Gotland. Gotlands Fornsal, Visby.
Jonsson, M./Snitt, I. (2001): Från Prästgårdar till Strandbodar - Gotländska Hus och Rum. Bonnier, Stockholm.
Hejdström, A. (2011): Inselführer Stora Karlsö. Karlsö Jakt- och Djurskyddsförenings AB, Visby.
Karnell, M. H. (Hrsg.) (2012): Gotland's Picture Stones - Bearers of an enigmatic legacy. Gotlands Museum, Visby.
Kinder, H./Hilgemann, W. (2015): dtv-Atlas Weltgeschichte. dtv-Verlagsgesellschaft, München.
Kloth, J.-H./Lovén, U. (2002): Outdoor Gotland. Natural history and wildlife. Gotlands Fornsal Förlag, Visby.
Kretzschmar, H. (2008): Die Orchideen Deutschlands und angrenzender Länder finden und bestimmen. Quelle & Meyer, Wiebelsheim.
Lagerlöf, E./Svahnström, G. (1991): Die Kirchen Gotlands. Conrad Stein Verlag, Kiel.
Länsstyrelsen Gotlands län (Hrsg.) (2011): Utflyktsguide till ett urval gotlänska naturreservat. Länsstyrelsen, Visby.
Malm, O./Naturum Gotland (2014): Gotlands dagfjärilar. Länsstyrelsen, Visby.
Martinsson, M. (2012): Gotländska växter. Atlantis, Stockholm.

Nylen,E./Lamm, J. P. (2003): Bildstenar. Gidlunds Bökförlag, Stockholm.
Ohlsson, E. W. (2006): Det gotländska änget. Ödins Förlag AB, Visby.
Öhrman, Roger (2017): Gotlands Historia. Gotlandica Förlag, Klintehamn.
Petersson, J./Ingmansson, G. (2007): Gotlands Flora - en guide. Gotlands Botaniska Förening, Visby.
Projektgruppe Lager Lingen/Pettersson, K. A. et al. (?1994): Lager Lingen. En minneskrift om interneringslägret i Havdhem. Selbstverlag.
Rohde, A. (2008): Auf Fossiliensuche an der Ostsee. Wachholtz, Neumünster.
Rohde, A./Redaktion Fossilien (2016): Gotland - Fossilien aus der silurischen Südsee. Fossilien Sonderheft 2016. Quelle & Meyer, Wiebelsheim.
Rudolph, F. (2017): Das große Buch der Strandsteine. Wachholtz Verlag, Kiel.
Smitterberg,P./Martinsson, M. (2015): Skåda fåglar på Gotland! Gotlands Ornitologiska Förening, Visby.
Svensson, B./Nilsson, T./Domeij, M. (2001): Guide to Visby. Gotlands Museum, Visby.
Westholm, G./Sjöswärd, U. (2000): Gutasagan. Gotlands Fornsals Förlag, Visby.
Westholm, G. (2014): Visby 1361 Invasionen. Gotlands Museum Fornsalens Förlag, Visby.
Westholm, G. (Hrsg.) (2005): The Hoard from Spillings. Länsmuseet på Gotland, Visby.

Anhang I: Reiseinformationen

An- und Abreise

Man erreicht Gotland mit dem Schiff und mit dem Flugzeug. Fähren starten vom Festland aus von Oskarshamn in Småland oder von Nynäshamn südlich von Stockholm. Die Fährgesellschaft Destination Gotland bietet auch Paketreisen an, bei denen die Überfahrt und die Unterkunft zusammen gebucht werden können. Flugverbindungen (etwa von SAS oder Gotlandsflyg) gibt es von Stockholm aus und von mehreren anderen schwedischen Städten. Auch von Deutschland aus werden Flüge nach Visby angeboten, man muss jedoch meistens eine bis zwei Zwischenlandungen in Kauf nehmen.

Fähre: www.destinationgotland.se

Unterkunft

Auf Gotland finden sich die verschiedensten Unterkunftsarten. Hotels sind hier jedoch nicht so reichlich vorhanden wie etwa in den klassischen Feriengebieten Deutschlands oder des Mittelmeers, und sie sind im Vergleich deutlich teurer. Für Camper stehen zahlreiche Campingplätze an naturschönen Orten zur Verfügung. Für Segler besteht die Möglichkeit, in den zahlreichen Sportboothäfen anzulegen.

Ferienwohnungen, -häuser, Zimmer: www.stugknuten.com oder www.gotlandsstugor.com

Hotels und Ferienhäuser mit höherem Standard: www.gotlandsresor.se und www.destinationgotland.se

Jugendherbergen und andere günstige Unterkünfte (bitte gegebenenfalls den deutschen Jugendherbergsausweis mitnehmen!): www.swedishtouristassociation.com

Campingplätze: www.camping.se

Gasthäfen für Segler: www.svenskagasthamnar.se/gotland/

Hinweis:

Hotelübernachtungen auf Gotland

Wenn man gern im Hotel übernachtet, muss man Folgendes beachten: Die Hochsaison beginnt etwa Mitte Juni (spätestens am Mittsommerwochenende) und dauert bis Mitte August. In der 27. Woche (Juni) findet eine politische Großveranstaltung in Visby statt, die Almedalswoche („Almedalsveckan"). In der 32. Woche ist die Mittelalterwoche („Medeltidsveckan"). In diesen Zeiten sind die Hotels und Ferienwohnungen in und um Visby meist lange im Voraus ausgebucht. Im Herbst finden auf Gotland viele Konferenzen statt. Will man in diesen Zeiten nach Gotland reisen, sollte man frühzeitig buchen. Unterkünfte auf dem Land sind hiervon in der Regel nicht so stark betroffen wie die in Visby. Neben Angeboten im Internet weisen auch Schilder neben der Straße auf freie Zimmer oder Ferienwohnungen hin, vor allem im Sommerhalbjahr.

Sehenswürdigkeiten und Museen

Ein Freund merkte einmal an, das häufigste Wort, das man an schwedischen Museumstüren lesen könne, sei „stängt" (geschlossen). Mehrfach hatte er bei Museen und Ausstellungen, die er besuchen wollte, vor verschlossener Tür gestanden. Die Öffnungszeiten in Schweden allgemein - abgesehen von denen in Großstädten - und auch auf Gotland sind saisonal sehr unterschiedlich. Viele Sehenswürdigkeiten sind nur in der Hochsaison täglich und ganztägig geöffnet, in der Nebensaison nur an bestimmten Tagen oder nur für einige Stunden am Tag. Es ist daher empfehlenswert, vor einem Besuch der Sehenswürdigkeit auf der Internetseite die aktuellen Öffnungszeiten nachzusehen. Wenn man nicht über ein internetfähiges Gerät verfügt, erhält man Informationen über die aktuell geltenden Öffnungszeiten in „Gotlandsguiden", einer Werbezeitschrift, die auf den Gotland-Fähren, in vielen Geschäften, in Hotels oder in der Touristeninformation in Visby kostenlos ausliegt (unbedingt mitnehmen!). Ein weiteres kostenloses Magazin mit Terminen für aktuelle Veranstaltungen ist „Gotland Just Nu", das monatlich neu erscheint (in der Hochsaison auch öfter).

Bergmancenter, Fårö: Stiftung, Dokumentationszentrum und Treffpunkt für Bergman-Fans und alle, die es werden wollen, mit Vorlesungen, Filmvorführungen, Ausstellungen und jährlicher Bergman-Woche. www.bergmancenter.se

Bläse Kalkbruksmuseum, Bläse: historische Kalkbrennöfen, Kalkschuppen und Werksbahn; alles über die Arbeit in der Kalkindustrie. www.blase.se

Bottarve, Vamlingbo: schöner Museumshof aus dem 18./19. Jahrhundert, Kulturzentrum, Museumsshop mit Kunsthandwerk. www.bottarve.se

Brucebo, Själsö, nördlich von Visby: romantisches Künstlerhaus, erbaut Anfang des 20. Jahrhunderts, mit weitgehend originaler Einrichtung, Bildern, Skulpturen und Kunsthandwerk. Führungen für Gruppen nach Anmeldung, regelmäßige Führungen zurzeit nur freitags und samstags im Sommer. www.infobrucebo@gmail.com

Bungemuséet, Bunge: hervorragendes Freilichtmuseum mit gotländischen Höfen, Werkstätten und Wirtschaftsgebäuden aus drei Jahrhunderten, Museumsshop und Restaurant. www.bungemuseet.se

Dalhem Hesselby Järnvägsmuseum: Eisenbahnmuseum mit Museumsbahnhof. Fahrten mit Zügen, die von alten Dampflokomotiven gezogen werden. Nur an bestimmten Tagen im Sommer geöffnet.
www.gotlandstaget.se und www.hesselbyjernvagskafe.se

Gotlands Försvarsmuseum, Tingstäde: Gotlands Kriegsgeschichte und die Landesverteidigung von der Vorzeit bis heute. Hauptgebäude in Tingstäde mit Ausstellungen, Restaurant und Museumsshop (in Nebengebäuden auch diverse Fahrzeuge und Waffen aus der gotländischen Armeegeschichte), ein weiterer Teil des Museums befindet sich 1,8 km südlich des Hauptgebäudes an der Straße 148.
www.gotlandsforsvarsmuseum.se

Gotlands Museum, Visby: Wichtigstes Museum auf Gotland, beeindruckende archäologische und historische Ausstellungen, Bildsteine, Fossilien und vieles mehr, Museumsshop und Restaurant. www.gotlandsmuseum.se

Gotlands Konstmuseum, Visby: Feste Exponate und Wechselausstellungen, auch mit Kunsthandwerk und Design. www.gotlandsmuseum.se/konstmuseet/

Gotlands Lantbruksmuseum, Havdhem: Alte landwirtschaftliche Maschinen und Haushaltsgeräte, historische Werkstätten, Geschichte der gotländischen Landwirtschaft. www.wp.spenarve.se

Gotska Sandön: Insel nördlich von Gotland und Fårö, Nationalpark mit besonderer Natur. Besuch der Insel von Ende Mai bis Anfang September möglich (mit Übernachtung in einfachen Quartieren oder im Zelt). www.gotskasandon.se

Groddegården, Fleringe: Spielmannshof aus dem 18. Jahrhundert, im Sommer Musikveranstaltungen.

Karlsinseln: „Vogelinseln" und Naturschutzgebiete vor der Westküste Gotlands, Highlight für Natur- und Vogelfans, s. S. 236 ff.
www.storakarlso.se und www.lillakarlso.org oder
lillakarlso@naturskyddsforeningengotland.se

Kattlunds, Grötlingbo: wunderschöner mittelalterlicher Museumshof mit Kräutergarten und Obstwiese, wo Bäume mit alten gotländischen Apfelsorten stehen. Gartencafé, Verkauf von Kunsthandwerk. www.kattlunds.se

Kettelvik Stenmuseum, Kettelviken/Sundre: Direkt am Strand und inmitten der Sandsteinbrüche wurden hier früher Schleif- und Mühlsteine hergestellt. Werkstattschuppen und Geräte zur Steinbearbeitung, in der Hochsaison Vorführung der historischen Arbeitstechniken. www.gotlandsbrynet.se

Kirchen: Über 90 Landkirchen und zahlreiche Kirchen(ruinen) in Visby bieten einmaligen Architektur- und Kunstgenuss sowie Orte der Besinnung, s. S. 46 ff.
www.svenskakyrkan.se/visbystift

Kneippbyn, südlich von Visby: Freibad mit großer Wasserrutsche, Villa Kunterbunt mit Pippi-Langstrumpf-Aufführungen, Grillplätze, Restaurant. Besonders für Familien mit Kindern geeignet. www.kneippbyn.se

Koviks Fiskerimuseum, Sanda: Alte Fischerstelle auf einer landschaftlich schönen Landzunge an der Westküste, die nun Museum ist. Fischerboote, Strandbuden, altes Werkzeug. Außenanlagen jederzeit zugänglich.

Krusmyntagården, Brissund: Kräutergarten mit Blick auf die Ostsee samt Restaurant und Café, wo leckere gotländische Spezialitäten serviert werden. Laden mit gotländischen Kräutern und Delikatessen. www.krusmynta.se

Lärbro Krigssjukhusmuseum, Lärbro: Kleines Museum über die spannende Geschichte des Feldkrankenhauses, in dem während beziehungsweise nach dem Zweiten Weltkrieg auch KZ-Häftlinge und Flüchtlinge behandelt wurden.
www.hembygd.se/larbro/krigssjukhusmuseet/

Laubwiesen: Übersicht über die noch vorhandenen Laubwiesen Gotlands, mit Karten. www.gotlandsangar.se

Lummelundagrottan, Lummelunda: „Grotten von Lummelunda", Höhlensystem im silurischen Kalkstein, mit Informationszentrum über die Erforschung der Höhle und den silurischen Untergrund mit seinen Fossilien; Besucherhöhle, die besichtigt werden kann. www.lummelundagrottan.se

Lummelundsbruk, Lummelunda: Der Fluss Lummelundaå wurde früher zur Gewinnung von Wasserkraft verwendet. Reste von alten Industrieanlagen und Mühlen, darunter Nordeuropas größtes Mühlrad. Park und Außenanlagen jederzeit zugänglich.

Margus Kunsthandwerk und Hofladen, Hablingbo: In einer Scheune kann man hier schönes gotländisches Kunsthandwerk und Bücher erwerben. Wie die Hirschfiguren an der Straße andeuten, gibt es hier auch Hirschfleisch zu kaufen, außerdem heimische Backwaren, Trüffelsalz, Gewürze, Honig und andere Köstlichkeiten. Auf einer gemütlichen Terrasse werden Kaffee und Kuchen serviert. www.margus.se

Muramaris, nördlich von Visby: Künstlerhaus mit interessanter Architektur und Innenausstattung, wurde leider 2013 durch einen Brand zerstört. Wird zurzeit (Stand September 2022) wieder restauriert.

Museum Lars Jonsson, Vamlingbo: Alter Pfarrhof, in dem der „Vogelmaler" Lars Jonsson seine wunderbaren Bilder ausstellt und verkauft. Mit Museumsshop (hier gibt es auch Jonssons Bücher sowie großformatige Kunstplakate) und Cafeteria. Wunderschön angelegter, parkartiger Garten, nebenan die sehenswerte Kirche von Vamlingbo. Das Museum bietet vogelkundliche Exkursionen an. Nebenan liegt das Naturum (siehe unten). www.larsjonsson.se

Naturum Gotland, Vamlingbo: Nebengebäude des Pfarrhofs von Vamlingbo mit Ausstellungen über Gotlands Natur. Museumsshop mit reicher Auswahl an Büchern zum Thema Natur, Bildern und schönen Postkarten. Das Naturum bietet auch geführte Wanderungen durch die gotländische Natur an. www.naturumgotland.se

Norrbys Museigård, Väte: Museumshof im Stil der 1940er Jahre mit verschiedenen Haustieren; wird von Gotlands Museum verwaltet. Mit Wassermühle, Café, Natur- und Kulturpfad. www.gotlandsmuseum.se/besok-oss/norrbys-museigard-2/

Norrlanda Fornstuga, Norrlanda: Kleines Freilichtmuseum mit Gebäuden und Inventar aus dem 18. Jahrhundert. Das Museum kann man selbständig betreten, man muss das Eintrittsgeld einfach in einen kleinen, verschlossenen Kasten einwerfen.

Petes, Hablingbo: Museumshof aus dem 18./19. Jahrhundert mit Garten und herrlichem Blick über Strandwiesen. Café mit gotländischen Spezialitäten.
www.gotlandsmuseum.se/besok-oss/petes-museigard/

Roma Kungsgård und Kloster, Roma: Klosterruine, kulturhistorische Ausstellung, im Sommer Theateraufführungen und Konzerte. www.romakungsgard.se

Sidengården, Vall: Alles über Seide und Seidenverarbeitung, Verkauf von Textilien aus Seide. www.sidengarden.se

S:t Olofsholm, NO-Gotland: altes Kalkindustriegelände mit Steinbruch, historischer Windmühle und Kirchenruine, die sich in einem alten Magazingebäude befindet. Aussichtspunkt über Ytterholmen und die benachbarten Küsten. Jederzeit zugänglich.

Tingstäde Fästning, Tingstäde: Festung am nördlichen Ortsausgang, ein Teil kann besichtigt werden. www.tingstadefastning.se

Torsburg bei Kräklingbo: größte Fluchtburg Gotlands, gleichzeitig Naturreservat. Jederzeit zugänglich.

Vike Minnesgård, Boge: Museumshof aus dem 19. Jahrhundert und Kräutergarten, nur in der Hochsaison geöffnet. www.vike.nu

Villa Villekulla, Kneippbyn: Hier können Familien mit Kindern die Villa Kunterbunt besuchen und Theateraufführungen mit Pippi Langstrumpf ansehen. In der Nähe: Vattenland, ein Freibad mit Riesenwasserrutsche. www.kneippbyn.se

In den kleineren Orten Gotlands gibt es außerdem zahlreiche lokale Heimatvereine (schwedisch „hembygdsförening" oder einfach „hembygd"), die in ihren Vereinsgebäuden Ausstellungen beherbergen oder auch Veranstaltungen wie Filmabende oder Exkursionen veranstalten. www.hembygd.se/gotland

Vielerorts findet man kleinere und größere Werkstätten, in denen Kunst und Kunsthandwerk hergestellt und ausgestellt werden, beispielsweise Keramik, Aquarelle, Gemälde, Fotokunst, Schaffellprodukte, Holzgegenstände, Flickenteppiche, Strickwaren usw. Auf manchen Bauernhöfen kann man im Sommer in hofeigenen Cafés selbstgebackene Kuchen genießen und in Hofläden heimisches Gemüse und Obst erwerben. Einfach mal den Hinweisschildern an der Straße folgen und sich überraschen lassen!

Hinweis: Für den Inhalt der hier genannten Internetadressen sind allein die Betreiber dieser Seiten verantwortlich. Die Autorin und der Verlag übernehmen für den Inhalt der hier genannten Internetadressen keinerlei Verantwortung oder Haftung.

Anhang II: Wissenschaftliche Namen der im Buch erwähnten Tiere und Pflanzen

Die hier aufgeführten Tiere und Pflanzen können nur eine Auswahl der besonderen Fauna und Flora Gotlands darstellen. Ihre ausführliche Beschreibung würde den Rahmen eines Reiseführers sprengen. Wer mehr erfahren möchte, sei auf die Literaturliste verwiesen.

Alpen-Fettkraut *Pinguicula alpina*
Alvar-Schnittlauch *Allium schoenoprasum* var. *alvarense*
Ameisenlöwe, Ameisenjungfer *Euroleon nostras*
Apollofalter *Parnassius apollo*
Augentrost *Euphrasia* sp.
Austernfischer *Haematopus ostralegus*
Bachstelze *Motacilla alba*
Bärentraube *Arctostaphylos uva-ursi*
Bärlauch *Allium ursinum*
Basstölpel *Sula bassana*
Baumfalke *Falco subbuteo*
Baumweißling *Aporia crataegi*
Bekassine *Gallinago gallinago*
Bilsenkraut, Schwarzes *Hyoscyamus niger*
Binsenschneide, Schneidried *Cladium mariscus*
Birkhuhn *Lyrurus tetrix*
Blässgans *Anser albifrons*
Blindschleiche *Anguis fragilis*
Blutbär *Tyria jacobaeae*
Brachvogel *Numenius arquata*
Brandgans *Tadorna tadorna*
Brand-Knabenkraut *Neotinea ustulata*
Brandseeschwalbe *Sterna sandvicensis*
Buschwindröschen *Anemone nemorosa*
Distelfink *Carduelis carduelis*
Eichenlattich, Karlsösalat *Mulgedium quercinum*
Eichhörnchen *Sciurus vulgaris*
Eiderente *Somateria mollissima*
Einbeere *Paris quadrifolia*
Einblütiges Wintergrün, Moosauge *Moneses uniflora*
Einknolle, Kleine; Honigorchis *Herminium monorchis*
Eisente *Clangula hyemalis*
Eistaucher *Gavia immer*
Enzian, Bitterer *Gentianella amarella*
Färber-Waid *Isatis tinctoria*
Fasan *Phasianus colchicus*
Feldhase *Lepus europaeus*
Fettkraut, Gemeines *Pinguicula vulgaris*
Fieberklee *Menyanthes trifoliata*
Fingerstrauch *Dasiphora fruticosa*
Fingerwurz, Blutrote (Fleischfarbene F., dunkle Unterart) *Dactylorhiza incarnata* ssp. *cruenta*
Fingerwurz, Fleischfarbene *Dactylorhiza incarnata* ssp. *incarnata*
Fingerwurz, Fleischfarbene, gelbe Unterart *Dactylorhiza incarnata* ssp. *ochroleuca*
Fingerwurz, Fuchs'sche *Dactylorhiza fuchsii*
Fingerwurz, Gefleckte *Dactylorhiza maculata*

Flieder *Syringa vulgaris*
Fliegen-Ragwurz *Ophrys insectifera*
Flussbarsch *Perca fluviatilis*
Flussseeschwalbe *Sterna hirundo*
Flussuferläufer *Actitis hypoleucos*
Frauenschuh *Cypripedium calceolus*
Frühlings-Adonisröschen *Adonis vernalis*
Fuchs *Vulpes vulpes*
Gagelstrauch *Myrica gale*
Gänsesäger *Mergus merganser*
Goldammer *Emberiza citrinella*
Goldregenpfeifer *Pluvialis apricaria*
Gold-Rosenkäfer *Cetonia aurata*
Graslilie, Ästige *Anthericum ramosum*
Graugans *Anser anser*
Graureiher *Ardea cinerea*
Großes Windröschen *Anemone sylvestris*
Grünwidderchen *Adscita statices*
Halsbandschnäpper *Ficedula albicollis*
Händelwurz, Duftende *Gymnadenia odoratissima*
Hecht *Esox lucius*
Helm-Knabenkraut *Orchis militaris*
Hirschzungenfarn *Asplenium scolopendrium*
Hohlzunge, Grüne *Dactylorhiza viridis*, früher *Coeloglossum viride*
Holunder-Fingerwurz *Dactylorhiza sambucina*
Honigorchis, Kleine Einknolle *Herminium monorchis*
Hundszunge *Cynoglossum officinale*
Igel *Erinaceus europaeus*
Kaisermantel *Argynnis paphia*
Kampfläufer *Philomachus pugnax*
Kanadagans *Branta canadensis*
Kaninchen *Oryctolagus cuniculus*
Karmingimpel *Carpodacus erythrinus*
Kegelrobbe *Halichoerus grypus*
Kelch-Simsenlilie *Tofieldia calyculata*
Keulen-Bärlapp *Lycopodium clavatum*
Kiebitz *Vanellus vanellus*
Kiefer, Waldkiefer *Pinus silvestris*
Klappertopf *Rhinanthus serotinus*
Klatschmohn *Papaver rhoeas*
Knabenkraut, Kleines *Anacamptis morio*
Knabenkraut, Männliches *Orchis mascula*
Knabenkraut, Spitzels *Orchis spitzelii*
Knäkente *Anas querquedula*
Knöllchen-Steinbrech *Saxifraga granulata*
Kopfried, Rostrotes *Schoenus ferrugineus*
Korallenwurz *Corallorhiza trifida*
Kornblume *Centaurea cyanus*
Krabbenspinne, Gehöckerte *Thomisus onustus*
Kranich *Grus grus*
Kreuzotter *Vipera berus*
Kreuzschnabel, Kiefern- und Fichten- *Loxia pytyopsittacus* und *curvirostra*
Krickente *Anas crecca*
Kugelblume, Gemeine *Globularia vulgaris*
Küstenseeschwalbe *Sterna paradisaea*
Labkrautschwärmer *Hyles galii*
Labyrinthspinne *Agelena labyrinthica*
Lachmöwe *Larus ridibundus*
Leberblümchen *Hepatica nobilis*
Leimkraut, Nickendes *Silene nutans*
Löffelente *Anas clypeata*
Mädesüß, Kleines *Filipendula vulgaris*
Maiglöckchen *Convallaria majalis*
Mantelmöwe *Larus marinus*
Mauerpfeffer, Scharfer *Sedum acre*
Mauerpfeffer, Weißer *Sedum album*

Mauerraute *Asplenium ruta-muraria*
Mäusebussard *Buteo buteo*
Mehlprimel *Primula farinosa*
Miesmuschel *Mytilus edulis*
Milchkraut *Glaux maritima*
Mittelsäger *Mergus serrator*
Moosauge, Einblütiges Wintergrün *Moneses uniflora*
Mücken-Händelwurz *Gymnadenia conopsea*
Mulmbock *Ergates faber*
Nadelröschen *Fumana procumbens*
Natternkopf *Echium vulgare*
Nebelfleckbock *Leiopus nebulosus*
Netzblatt, Kriechendes *Goodyera repens*
Neuntöter *Lanius collurio*
Nonnengans, Weißwangengans *Branta leucopsis*
Ochsenzunge *Anchusa officinalis*
Oregano *Origanum vulgare*
Ostsee-Riesenassel, Baltische Riesenassel *Saduria entomon*
Prachteiderente *Somateria spectabilis*
Pyramidenorchis *Anacamptis pyramidalis*
Queller *Salicornia europaea*
Raubseeschwalbe *Hydroprogne caspia*
Rebhuhn *Perdix perdix*
Resede, Gelbe *Reseda lutea*
Riesenassel, Baltische, Ostsee-Riesenassel *Saduria entomon*
Ringelgans *Branta bernicla*
Ringelnatter *Natrix natrix*
Ritterwanze *Lygaeus equestris*
Rohrweihe *Circus aeruginosus*
Rotschenkel *Tringa totanus*
Ruprechtskraut, Stinkender Storchschnabel *Geranium robertianum*
Saatgans *Anser fabalis*
Säbelschnäbler *Recurvirostra avosetta*
Salzmiere *Honckenya peploides*
Samtente *Melanitta fusca*
Samtfalter, Ockerbindiger *Hipparchia semele*
Sandklaffmuschel *Mya arenaria*
Sandregenpfeifer *Charadrius hiaticula*
Sandthymian *Thymus serpyllum* aggr.
Scharfer Mauerpfeffer *Sedum acre*
Schellente *Bucephala clangula*
Schilf *Phragmites australis*
Schlingnatter *Coronella austriaca*
Schnatterente *Anas strepera*
Schneehase *Lepus timidus*
Schneidried, Binsenschneide *Cladium mariscus*
Schwalbenschwanz *Papilio machaon*
Schwalbenwurz *Vincetoxicum hirundinaria*
Schwarzspecht *Drycopus martius*
Schwertlilie, Gelbe *Iris pseudacorus*
Seeadler *Haliaeetus albicilla*
Seehund *Phoca vitulina*
Siebenstern *Trientalis europaea*
Silbermöwe *Larus argentatus*
Singschwan *Cygnus cygnus*
Sonnenröschen *Helianthemum nummularium*
Sonnentau, Langblättriger *Drosera longifolia*
Sperber *Accipiter nisus*
Sperbergrasmücke *Sylvia nisoria*
Spitzels Knabenkraut *Orchis spitzelii*
Sprosser *Luscinia luscinia*
Steinadler *Aquila chrysaetos*
Steinschmätzer *Oenanthe oenanthe*
Steinwälzer *Arenaria interpres*
Stendelwurz, Breitblättrige *Epipactis helleborine*

Stendelwurz, Englische *Epipactis phyllanthes*
Stendelwurz, Rotbraune *Epipactis atrorubens*
Storchschnabel, Blutroter *Geranium sanguineum*
Storchschnabel, Stinkender, Ruprechtskraut *Geranium robertianum*
Stranddistel *Eryngium maritimum*
Strandkohl *Crambe maritima*
Strandschnecke *Littorina littorea*
Strandwermut *Artemisia maritima*
Streifenfarn *Asplenium sp.*
Streifenwanze *Graphosoma lineatum*
Sturmmöwe *Larus canus*
Sumpf-Herzblatt *Parnassia palustris*
Sumpf-Knabenkraut *Anacamptis palustris*
Sumpf-Stendelwurz *Epipactis palustris*
Tordalk *Alca torda*
Torf-Glanzblatt *Liparis loeselii*
Trottellumme *Uria aalge*
Uferschnepfe *Limosa limosa*
Vierfleck *Libellula quadrimaculata*
Vogel-Nestwurz *Neottia nidus-avis*
Wacholder *Juniperus communis*
Waldbrettspiel *Pararge aegeria*
Waldeidechse *Zootoca vivipara*, früher *Lacerta vivipara*
Waldhyazinthe, Grünliche *Platanthera chlorantha*
Waldhyazinthe, Zweiblättige *Platanthera bifolia*
Waldkiefer, Kiefer *Pinus silvestris*
Waldstorchschnabel *Geranium sylvaticum*
Waldvögelein, Rotes *Cephalanthera rubra*
Waldvögelein, Schwertblättriges *Cephalanthera longifolia*
Waldvögelein, Weißes *Cephalanthera damasonium*
Wasseramsel *Cinclus cinclus*
Wegerich-Scheckenfalter *Melitea cinxia*
Wegwarte *Cichorium intybus*
Weißwangengans *Branta leucopsis*
Wiesen-Küchenschelle *Pulsatilla pratensis*
Wiesenweihe *Circus pygargus*
Wimper-Perlgras *Melica ciliata*
Windröschen, Großes *Anemone sylvestris*
Windröschen, Gelbes *Anemone ranunculoides*
Wolfsspinne *Arctosa* sp.
Wollgras *Eriophorum* sp.
Würfeldickkopf, Kleiner *Pyrgus malvae*
Ziegenmelker *Caprimulgus europaeus*
Zweiblatt, Eiförmiges *Neottia ovata*
Zweiblatt, Kleines *Neottia cordata*
Zwergseeschwalbe *Sternula albifrons*

Register

Die atemberaubende Natur Helgolands kennenlernen!

Helgoland zählt zu Deutschlands schönsten Naturwundern. Die beliebte, küstenfernste Urlaubsinsel ist dreigeteilt und besteht aus der roten Hauptinsel sowie der Düneninsel, getrennt durch die rund 800 m breite Helgoländer Nord- und Südreede. Bruno P. Kremer und Fritz Gosselck beschreiben in diesem handlichen Naturführer u. a. die Inselgeologie, die Inselflora und -fauna sowie die marine Umwelt Helgolands. Naturbegeisterte, die sich für Gesteine, die Tier- und Pflanzenwelt sowie die vielen faszinierenden Aspekte von Helgoland und der umrahmenden Nordsee interessieren, finden in diesem Buch eine Fülle an spannenden Informationen und Anregungen.

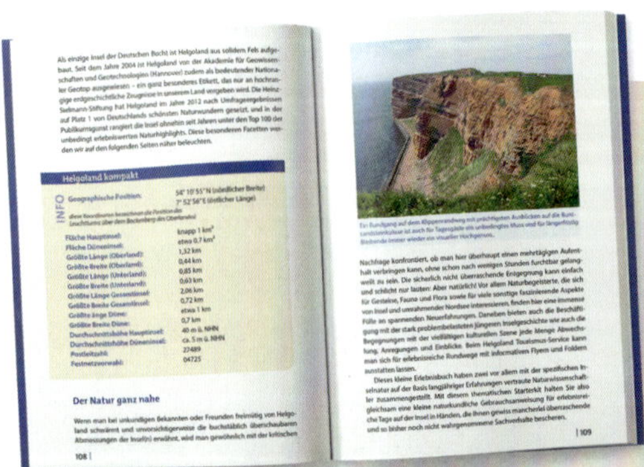

Bruno P. Kremer /
Fritz Gosselck

Helgoland
Ein Naturreiseführer

168 S., 140 farb. Abb.,
kart., 12 x 19 cm,
ISBN 978-3-494-01918-5
Best.-Nr.: 494-01918
€ 19,95

Quelle & Meyer Verlag GmbH & Co.
Industriepark 3 · 56291 Wiebelsheim · www.quelle-meyer.de
vertrieb@quelle-meyer.de · Tel.: 0 67 66 / 903-140 · Fax 0 67 66 / 903-320